機構學(第五版)

吳明勳　編著

全華圖書股份有限公司

序言

一、本書主要目的在於提供作大學、科大、技術學院機構教材之用：

本書共十四章，其內容之特色有四：

1. 蒐集現有之機構教科書去蕪存菁，以最簡單明瞭之詞或圖表編寫而成，故易學易懂，對初學者尤為方便學習。

2. 收錄歷屆國家考試之試題為例題或習題，可幫助讀者了解國家考試之命題趨勢，且可以例題加強讀者對內容之了解。

3. 在凸輪機構、齒輪機構及螺旋機構之後附加一節討論其製造之方法，主要目的是希望讀者對這些機件之製造有進一步的了解，以收學習之效。

4. 註有＊之章節，教師可針對實際教學情況，決定取捨。

二、作者才疏學淺，內容難免有疏誤之處，深盼讀者和先進惠賜指正。

編者　誌於員林

編輯部序

「系統編輯」是我們的編輯方針，我們所提供給您的，絕不只是一本書，而是關於這門學問的所有知識，它們由淺入深，循序漸進。

本書以淺顯易懂的文字及圖表說明，每章末附習題做為練習，可幫助學生融會貫通。此外，還列有部分歷屆國家考試試題，提供更豐富的教材內容，易教易學，是一本不可多得的教學用書。本書非常適合大學、科大、技術學院機械相關科系系「機構學」課程教學使用。

同時，為了使您能有系統且循序漸進研習相關方面的叢書，我們已流程圖方式，列出各有關圖書的閱讀順序，以減少您研習此門學問的摸索時間，並能對這門學問有完整的知識。若您在這方面有任何問題，歡迎來函聯繫，我們將竭誠為您服務。

相關叢書介紹

書號：0625003
書名：靜力學(第四版)
編著：曾彥魁
16K/392 頁/490 元

書號：0203203
書名：靜力學
編著：劉上聰
16K/384 頁/350 元

書號：0555903
書名：動力學(第四版)
編著：陳育堂、陳維亞、曾彥魁
16K/376 頁/490 元

書號：05389027
書名：機動學(第三版)
　　　(附 MATLAB 範例光碟片)
編著：馮丁樹
20K/544 頁/480 元

書號：05861
書名：產品結構設計實務
編著：林榮德
16K/248 頁/280 元

書號：01025
書名：實用機構設計圖集
日譯：陳清玉
20K/176 頁/160 元

書號：01138
書名：圖解機構辭典
日譯：唐文聰
20K/256 頁/180 元

◎上列書價若有變動，請以
最新定價為準。

流程圖

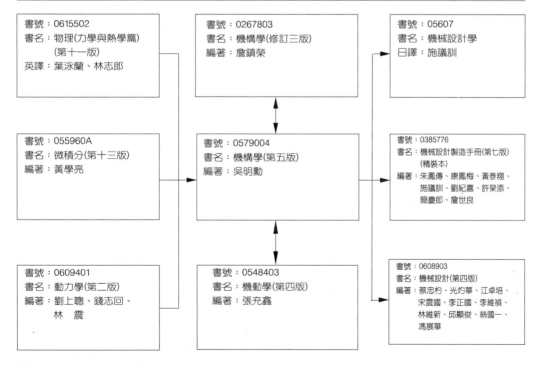

目次

1 章 機構學概論

2 章 機械之運動

3 章 速度分析

4 章 加速度分析

5 章 連桿機構

6 章 直接接觸的傳動

7 章 凸輪機構

8 章 齒輪機構

9 章 輪系

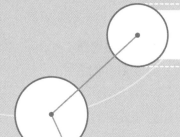

第一章

機構學概論

1.1　機件、機構與機器的定義

1.　**機件：**
　　構成機構及機器最基本元件之剛體，可支持負荷並產生運動。分為下列幾種：
　　(1)　固定用機件：其功用在支持機件活動或限制機件之運動。如機架、軸承等。
　　(2)　結合用機件：其功用在連結各機件。如螺帽、螺栓等。
　　(3)　運動傳達用機件：其功用在傳達動力或改變運動形式。如齒輪或軸等。
　　(4)　控制用機件：其功用在緩衝振動或傳達力量。如彈簧或連桿等。
　　(5)　流體輸送機件：各種泵浦、電磁閥、油壓馬達等。

2.　**機構(mechanism)：**
　　多個剛體機件適當之聯接，使機件產生固定之運動但不一定可作功，為機械的一部分。而某些"機構"本身具有某些功能，如摺椅中之"摺疊機構"。

3.　**機器(machine)：**
　　兩個以上機件的組合體，可將能量轉變為有用的功。如腳踏車、縫紉機等都是機器。

 1.2　機構學

　　機構學為研究機械運動之科學。即研究如何去利用機件運動所依循的法則，以及研究力傳遞方式的一種科學。而機構學一般分為純粹機構學(pure mechanism)及構造機構學(constructive mechanism)或稱機械設計(machine design)。

1.　**純粹機構學(pure mechanism)：**
　　純粹機構學分為兩部分，一就現有機構分析其各點之路徑、法線、切線曲率中心、速度及加速度，二為原始機構加以組合或發展使之作某特定之運動，不考慮構件之強度、精細、大小。

2.　**構造機構學(constructive mechanism)：**
　　主要是研究機件各部分受力的大小、進而就材料之物理性質及其它條件以決定使用之材料，並考慮到適於製造、容易裝配、保養與維護等各項問題。故又被稱為機械設計，為一種綜合性的科學。

1.3　機件之對偶

在一機構中，一機件被另一機件所限制而沿一定之動路(path of motion)運動，則此兩機件稱為一運動對(pair)。如圖 1.3-1 所示。機件之對偶，依二機件間接觸之情況不同可分成高對(higher pair)及低對(lower pair)兩種。

1. **高對：**

   運動對係點接觸及線接觸者或自由度為 2 以上者，如滾動軸承、齒輪、凸輪。如圖 1.3-2 所示。

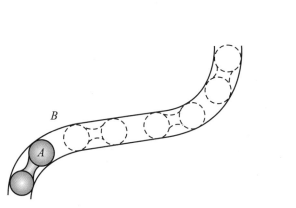

圖 1.3-1　*A*、*B* 為運動對　　　　　圖 1.3-2　滾動軸承

2. **低對：**

   運動對偶為面接觸或自由度為 1 者，又分為滑動對、旋轉對及螺旋對三種。

   (1) 滑動對(sliding pair)

   　允許兩機件沿直線或曲線方向相對滑行者如圖 1.3-3 所示，*A*、*B* 兩機件僅有直線運動。其自由度為 1。但若 *A* (滑件)又可在 *B*(滑槽)內旋轉，則自由度為 2，便成為高對。

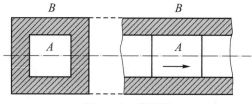

圖 1.3-3　滑動對

(2)　迴轉對(turning pair)

只允許兩機件圍繞在一共同軸線作相對旋轉者，如圖 1.3-4 所示 A、B 兩機件並非作直滑行而是作旋轉運動。

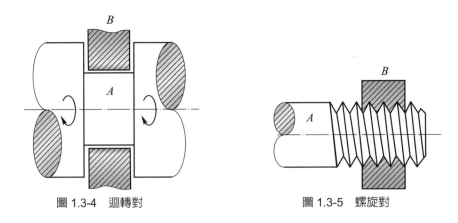

圖 1.3-4　迴轉對　　　　　圖 1.3-5　螺旋對

(3)　螺旋對(screw pair)

只允許兩機件相對地作螺旋運動者如圖 1.3-5 所示。當導程角為 0°時兩機件成迴轉對而導程角為 90°時兩機件成滑動對。

1.4　高對與低對的比較

表 1.4-1　高低對之比較

	優點	缺點
高對	1.摩擦損失能量較小。 2.潤滑劑較省。	1.因摩擦而發生之尺寸損失較大。 2.機件壽命短。
低對	1.因摩擦而發生之尺寸損失較小。 2.機件壽命長。	1.摩擦損失能量較大。 2.須增添潤滑劑。

1.5 鏈的分類與判別

鏈(chain)：由三件以上機件所組合而成的連桿裝置稱為鏈，依其各機件間能否作相對運動而分為下列兩種。

1. **呆鏈**(locked chain or structure)：

   如圖 1.5-1 所示，三連件為一整體。各部間不能發生運動，即為一單件剛體，各桿間不能發生運動，又稱死鏈。

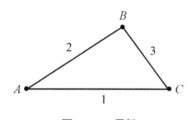

圖 1.5-1 呆鏈

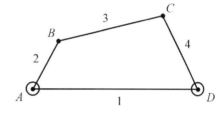

圖 1.5-2 拘束運動鏈

2. **運動鏈**(kinematic chain)：

   由許多對偶(4 件以上機件)組合而成的運動連鎖系統，稱為運動鏈，依其運動被拘束與否，又可分成下列兩種。

   (1) 拘束運動鏈(constrained chain)

   　　如圖 1.5-2 所示，若一運動鏈由四連桿組成，設若將 1 桿固定，2 桿及 4 桿各圍繞一固定中心旋轉，當 B 旋轉至某一位置時，因 3、4 桿之長度一定，則 C 之位置便可預測，此種鏈稱為拘束運動鏈。

   (2) 無拘束運動鏈(unconstrained chain)

   　　如圖 1.5-3 所示，為五根連桿組成之鏈，運動無法測定，各件間無一定之相對運動者稱為無拘束運動鏈。

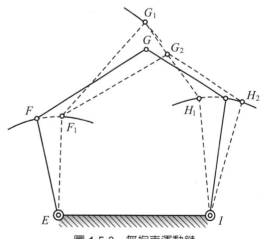

圖 1.5-3 無拘束運動鏈

呆鏈與運動鏈的判定公式：

(1)　$P > \dfrac{3}{2}N - 2$，則為呆鏈，又稱結構，用於橋樑或鐵塔之桁架。

(2)　$P = \dfrac{3}{2}N - 2$，則為拘束運動鏈，如機械中之各種機構。

(3)　$P < \dfrac{3}{2}N - 2$，則為無拘束運動鏈。

式中　P：表對偶數

　　　N：表連桿數

範例 1-1　鏈的判定。

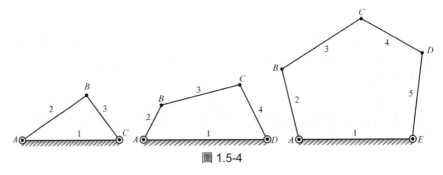

圖 1.5-4

$N = 3$	$N = 4$	$N = 5$
$P = 3$	$P = 4$	$P = 5$
則 $P > \dfrac{3}{2}N - 2$	則 $P = \dfrac{3}{2}N - 2$	則 $P < \dfrac{3}{2}N - 2$
故為呆鏈	故為拘束運動鏈	故為無拘束運動鏈

1.6　機構自由度分析

對於平面機構，可利用卡氏的自由度公式

$$F = 3(n - p - 1) + \sum_{i=1}^{p} f_i$$

其中　F：平面機構的自由度　　　　　　n：機件數

　　　p：對偶數(包括低對和高對)　　　f_i：每個對偶的自由度

範例 1-2　求圖 1.6-1 之自由度。

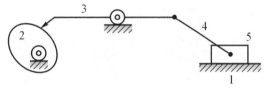

圖 1.6-1

解　$n = 5$

$p = 6$　機件 2、3 具 2 個自由度的對偶，其餘為低對

則　$F = 3(n - p - 1) + \sum_{i=1}^{p} f_i$

　　$= 3(5 - 6 - 1) + (1{\times}2 + 5{\times}1) = 1$

若機構中只含低對，則　$F = 3(n - 1) - 2p$

範例 1-3　求圖 1.6-2 之自由度。

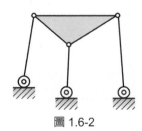

圖 1.6-2

解　$n = 5$

$p = 6$

$F = 3(n - 1) - 2p = 3{\times}4 - 2{\times}6 = 0$，故為呆鏈。

範例 1-4 試求圖 1.6-3 之運動鏈自由度。

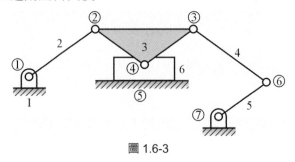

圖 1.6-3

解 在圖 1.6-3 中，$n = 6$，$P_1 = 7$，$P_2 = 0$，則

$$F = 3(6 - 7 - 1) + 1 \times 7 = 1$$

故圖 1.6-3 所示之運動鏈自由度為 1，是機構。

範例 1-5 試計算圖 1.6-4 所示之運動鏈自由度。

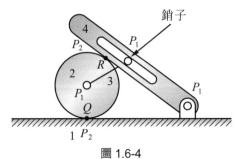

圖 1.6-4

解 由圖 1.6-4 中得知，$n = 4$，$P_1 = 3$，$P_2 = 2$，則

$$F = 3(4 - 5 - 1) + 1 \times 3 + 2 \times 2 = 1$$

故圖 1.6-4 所示之運動鏈自由度為 1，是機構。(其中在 R 及 Q 點上之對偶數為 2)

範例 1-6　試述下列圖形中何者是機構、無拘束運動鏈或是結構。

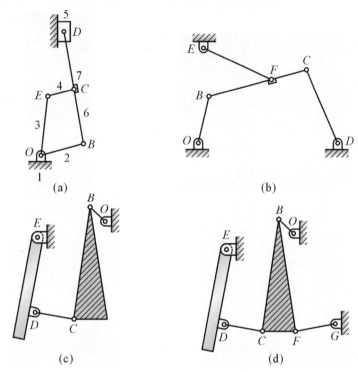

圖 1.6-5

解　(a)$P = 8$，$n = 7$，$F = 3(7-1) - 2×8 = 18 - 16 = 2$ 無拘束運動鏈

　　(b)$P = 7$，$n = 6$，$F = 3(6-1) - 2×7 = 15 - 14 = 1$ 機構

　　(c)$P = 5$，$n = 5$，$F = 3(5-1) - 2×5 = 12 - 10 = 2$ 無拘束運動鏈

　　(d)$P = 7$，$n = 6$，$F = 3(6-1) - 2×7 = 15 - 14 = 1$ 機構

範例 1-7　計算下列圖形中之運動鏈自由度？

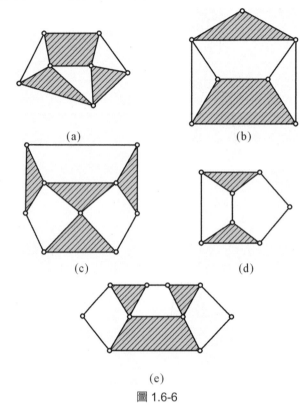

(a)

(b)

(c)

(d)

(e)

圖 1.6-6

解 (a)$n = 5$，$P = 7$，$F = 3(5 - 1) - 2 \times 7 = -2$

(b)$n = 6$，$P = 8$，$F = 3(6 - 1) - 2 \times 8 = 15 - 16 = -1$

(c)$n = 7$，$P = 9$，$F = 3(7 - 1) - 2 \times 9 = 0$

(d)$n = 6$，$P = 7$，$F = 3(6 - 1) - 2 \times 7 = 15 - 14 = 1$

(e)$n = 8$，$P = 10$，$F = 3(8 - 1) - 2 \times 10 = 21 - 20 = 1$

第二章

機械之運動

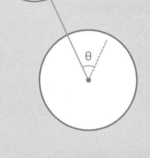

2.1 線位移、線速度與線加速度

1. **線位移(linear displacement)以 S 表示：**
   一物體在一定時間內，無論沿何動路，由某一點移至另一點，此兩點間之直線距離，即謂該物體在此時間內之位移(displacement)，也就是其位置的改變量，如圖 2.1-1 所示。位移為一有大小及方向的量，故為一種向量(vector)，其單位通常以呎(ft)、公尺(m)、公分(cm)或公厘(mm)……等長度單位表示。

   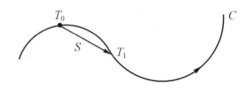

   圖 2.1-1 質點之運動動路

2. **線速度(linear velocity)以 V 表示：**
   一物體在單位時間內所移動之線位移，即謂之此物體的線速度。而如果只提到線速度的大小而不問其方向，也可稱為線速率(linear speed)。
   若欲求某點 P 在每單位時間中的平均位移，即平均線速度，可用下式表示：
   P 點的平均線速度

   $$V = \frac{S_2 - S_1}{t_2 - t_1} = \frac{\Delta S}{\Delta t}$$

   而 P 點之瞬時線速度(instantaneous velocity)

   $$V = \lim_{\Delta t \to 0} \frac{\Delta S}{\Delta t} = \frac{dS}{dt} \quad .... (2.1)$$

   P 點在某點的速度等於其位移在該點對於時間的一次導數。反之，若 $V(t)$ 已知，則 $S(t)$ 可由 $V(t)$ 對 t 一次積分求得

   $$S_2 - S_1 = \Delta S = \int_{t_1}^{t_2} V dt$$

   若 $V = \frac{dS}{dt}$ 為常數，則表為等速運動，則

   $$S = Vt .... (2.2)$$

   線速度單位有公尺／秒(m/sec)、公分／秒(cm/sec)、呎／秒(ft/sec)……等。

3. **線加速度(linear acceleration)以 A 表示：**

線加速度乃是線速度在單位時間內的變化率，因爲線速度是向量，時間是純量，所以線加速度也是向量。若速度爲遞增者，稱爲正加速度，或簡稱爲加速度，反之則稱爲負加速度或減速度。

P 點線速度在時間內的平均變化率就稱爲 P 點的平均線加速度

$$A = \frac{V_2 - V_1}{t_2 - t_1} = \frac{\Delta V}{\Delta t}$$

而 P 點的瞬時線加速度

$$A = \lim_{\Delta t \to 0} \frac{\Delta V}{\Delta t} = \frac{dV}{dt} \quad\text{...(2.3)}$$

所以我們可以知道線速度對時間的一次導數就是線加速度。反之，若 $A(t)$ 已知，則 $V(t)$ 可由 $A(t)$ 對 t 一次積分求得

$$V - V_0 = \Delta V = \int_{t_0}^{t} A dt \quad\text{...(2.4)}$$

線加速度的單位有公分／秒^2、公尺／秒^2、呎／分^2……等。

若質點作等加速度運動，則

$$V = V_0 + At \text{..(2.5)}$$

$$S = V_0 t + \frac{1}{2} At^2 \quad\text{...(2.6)}$$

$$V^2 = V_0^2 + 2AS \quad\text{...(2.7)}$$

其中　V　：末速度

　　　　V_0　：初速度

　　　　S　：位移

　　　　A　：加速度

　　　　t　：時間

若(1)加速度 A 爲零，速度 V 爲常數，則爲等速運動。

(2)加速度 A 爲常數，則爲等加(減)速運動。

(3)加速度 A 爲變數，則爲變加(減)速運動，如簡諧運動。

範例 2-1 一質點運動時，其位移 S 對於時間 t 成 $S = 3t^2 + 3$ 之關係，S 單位為公尺，t 之單位為秒時，當 $t = 5$ sec 其速度 V 為若干？又 S 為若干？ 【高檢】

解

$$S = 3t^2 + 3$$

$$V = \frac{dS}{dt} = 6t$$

當　$t = 5$

$$V = 6t = 6 \times 5 = 30 \text{ 公尺／秒}$$

$$S = 3t^2 + 3 = 3 \times (5)^2 + 3 = 78 \text{ 公尺}$$

範例 2-2 一物體作等加速度運動，在 5 秒鐘內其速度由 10 公尺／秒，增至 25 公尺／秒，求(1)在此 5 秒鐘內所經之距離；(2)求第 5 秒鐘所經之距離。

【特考】

解 已知 $t = 5$ sec，$V_0 = 10$ m/sec，$V = 25$ m/sec，求 S_5 及 S_{4-5}

(1) 由公式 $V = V_0 + at$，$25 = 10 + a \times 5$

$$a = \frac{25 - 10}{5} = 3 \text{ (m/sec}^2\text{)}$$

$$S_5 = V_0 t_5 + \frac{1}{2} a t_5^2 = 10 \times 5 + \frac{1}{2} \times 3 \times 5^2$$

$$= 87.5 \text{ (m)}$$

(2) $$S_4 = V_0 t_4 + \frac{1}{2} a t_4^2 = 10 \times 4 + \frac{1}{2} \times 3 \times 4^2 = 64 \text{ (m)}$$

$$S_{4-5} = S_5 - S_4 = 87.5 - 64 = 23.5 \text{ (m)}$$

答
(1) 5 秒鐘共行 87.5 m。
(2) 第 5 秒鐘行 23.5 m。

範例 2-3　已知 $A = 1/V$ ft/sec²，$V_0 = 6$ fps，問 $S = 24$ ft 時，V 及 t 為多少？

解 　　　$A = \dfrac{1}{V}$ ft/sec²，$V_0 = 6$ fps

當 $S = 24$ ft 時

因　　　$A = \dfrac{dV}{dt} = \dfrac{dV}{dS} \cdot \dfrac{dS}{dt} = V \cdot \dfrac{dV}{dS}$

　　　$VdV = AdS \Rightarrow V^2 dV = dS$

　　　$S = \int V^2 dV = \dfrac{1}{3}V^3 + c$

　　　$V_0 = 6$，$S = 0$，$c = -72$

$S = 24$ ft 時

　　　$V = (288)^{\frac{1}{3}} = 6.6$　呎／秒

　　　$A = \dfrac{dV}{dt} \Rightarrow dt = \dfrac{dV}{A} = VdV$

　　　$t = \int VdV \Rightarrow t = \dfrac{V^2}{2} + c$

$t = 0$ 時 $V = 6$

　　　$c = -18$

　　　$t = \dfrac{V^2}{2} - 18 = \dfrac{(6.6)^2}{2} - 18 = 3.78\,(\text{sec})$

答　V 為每秒 6.6 呎。

　　　t 為 3.78 秒。

範例 2-4 如圖 2.1-2 所示，被限制在沿著一直線上運動的質點，其質點位置座標為 $S = 2t^3 - 24t + 6$。其中 S 以公尺為單位，且是由一方便的原點所量測而得，t 的單位則為秒，試求(a)質點由 $t = 0$ 的初始條件，到質點的速度為 72 m/s 所需的時間、(b)當 $V = 30$ m/s 時，質點的加速度與(c)在 $t = 1$ s 到 $t = 4$ s 期間，質點所移動的淨位移。

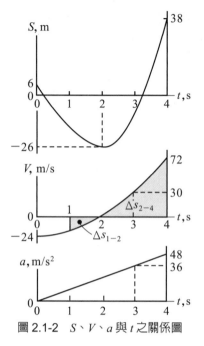

圖 2.1-2　S、V、a 與 t 之關係圖

解 由 S 對時間的連續微分，我們能夠得到速度與加速度。因此

$$[V = \dot{S}]，V = 6t^2 - 24 \text{ m/s}$$

$$[a = \dot{V}]，a = 12t \text{ m/s}^2$$

答 (1) 將 $V = 72$ m/s 代入 V 的表示式中，我們可以得到 $72 = 6t^2 - 24$，因此 $t = \pm 4$。負的根為運動開始前 t 秒的一個數學解，所以這個負根是沒有物理意義的。因此，我們所需要的解為

$$t = 4s$$

(2) 將 $V = 30$ m/s 代入 V 的表示中可得 $30 = 6t^2 - 24$，t 的正根為 $t = 3$ s。因此，$t = 3$ s 的加速度為

$$a = 12(3) = 36 \text{ m/s}^2$$

(3) 在這個期間內，質點的淨位移為

$$\Delta S = S_4 - S_1$$

$$\Delta S = [2(4^3) - 24(4) + 6] - [2(1^3) - 24(1) + 6] = 54 \text{ m}$$

2.2　角位移、角速度與角加速度

1.　**角位移(angular displacement)以 θ 表示之：**

一條直線在平面內移動所產生方向的改變量謂之該線的角位移，也就是該線與某固定基準線間角度的改變量。如圖 2.2-1 所示之 θ 角。角位移的單位有度、分、秒、弳(radian)或迴轉數(N)。若某輪軸的迴轉數為 N 轉，則此輪軸之角位移= $2\pi N$。在圓周上取一弧長等於半徑時，則稱為一弧度。而圓的周長為 $2\pi R$，故一圓周= 2π 弧度(弳)。

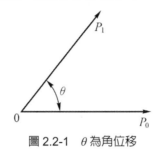

圖 2.2-1　θ 為角位移

2.　**角速度(angular velocity)以 ω 表示：**

當物體以一點為中心做迴轉時，該物體在單位時間內所迴轉的角位移，稱為角速度。若只提到角度的大小而不考慮其方向，則可稱為角速率。

若某直線其每單位時間內的平均角位移，即其平均角速度，可用下式表示：

平均角速度

$$\omega = \frac{\theta_2 - \theta_1}{t_2 - t_1} = \frac{\Delta\theta}{\Delta t}$$

瞬時角速度

$$\omega = \lim_{\Delta t \to 0} \frac{\Delta\theta}{\Delta t} = \frac{d\theta}{dt} \dotfill (2.8)$$

這就是說直線在某點的角速度就等於其角位移在該點對於時間的一次導數；反之，若 $\omega(t)$ 已知，則 $\theta(t)$ 可由 $\omega(t)$ 對 t 一次積分所得

$$\theta_2 - \theta_1 = \Delta\theta = \int_{t_1}^{t_2} \omega dt$$

若 ω 為常數，則表為等角速運動，即

$$\theta = \omega \cdot t \text{...(2.9)}$$

角速度單位以弧／秒，度／秒表示，在工程上常以每分之轉數(revolutions per minute)，簡寫為 R.P.M.，或每秒之轉數(R.P.S.)表示之。

3. **角加速度**(angular acceleration)**以 α 表示之：**

角加速度乃是角速度在單位時間內的變化率。若角速度為遞增者，稱為正角加速度，反之則稱為負角加速度。角加速度的單位有：度／秒^2、轉／分^2、弧／秒^2……。

當直線移動時，時間由 t_0 變成 t，角速度由 ω_0 變成 ω，則其平均角加速度

$$\alpha = \frac{\omega - \omega_0}{t - t_0} = \frac{\Delta\omega}{\Delta t}$$

瞬時角加速度

$$\alpha = \lim_{\Delta t \to 0} \frac{\Delta\omega}{\Delta t} = \frac{d\omega}{dt} \text{...(2.10)}$$

由此可知角速度對於時間的一次導數就是角加速度。反之若 $\alpha(t)$ 已知，則 $\omega(t)$ 可由 $\alpha(t)$ 對 t 一次積分求得

$$\omega - \omega_0 = \int_{t_0}^{t} \alpha dt$$

若質點作等角加速度迴轉運動則

$$\omega = \omega_0 + \alpha t \text{..(2.11)}$$

$$\theta = \omega_0 t + \frac{1}{2}\alpha t^2 \text{...(2.12)}$$

$$\omega^2 = \omega_0^2 + 2\alpha\theta \text{...(2.13)}$$

其中　ω　：末角速度

ω_0　：初角速度

θ　：角位移

α　：角加速度

t　：時間

若(1)角加速度為零，角速度 ω 為常數，則為等角速運動。

　(2)角加速度為常數，則為等角加(減)速運動。

　(3)角加速度為變數，則為變角加速運動。

範例 2-5　一風扇以每秒 30 轉的速率轉動，當斷電時，扇在 4 秒鐘內停止，求角加速度及至靜止所轉動之次數？　　　　　　　　　　　　　　【高檢】

解　已知 $n = 30$ rps，$\omega_0 = 2\pi n = 2\pi \times 30 = 60\pi$(rad/sec)，$\omega = 0$，$t = 4$ sec

(1)　由公式　$\omega = \omega_0 + \alpha t$，$0 = 60\pi + \alpha \times 4$

　　　$\alpha = -15\pi$(rad/sec^2)

(2)　$\theta = \omega_0 t + \dfrac{1}{2}\alpha t^2 = 60\pi \times 4 + \dfrac{1}{2} \times (-15\pi) \times 4^2$

　　　$= 240\pi - 120\pi = 120\pi$

　　　轉動次數 $n = \dfrac{\theta}{2\pi} = \dfrac{120\pi}{2\pi} = 60$ (轉)

答　(1)　角加速度為 -15π rad/sec^2。

　　　(2)　轉動次數為 60 轉。

範例 2-6　一質點作圓周運動，其半徑為 10 公尺，起初速率為 15rpm，經過 6 秒時間後靜止，求(1)切線加速度，(2)法線加速度各為若干？　　　　【普考】

解　已知　$r = 10$ m，$t = 6$ sec，$\omega = 0$

　　　$n_0 = 15$ rpm

　　　$\omega_0 = 2\pi n_0 = 2\pi \times 15 = 30\pi$(rad/min)

　　由公式　$\omega = \omega_0 + \alpha t$

　　　　$0 = 30\pi + \alpha \times 6$

　　　　$\therefore \alpha = -5\pi$(rad/min^2)

(1)　$a_t = \alpha r = -5\pi \times 10 = -50\pi$(m/min^2)

(2)　由於最後此質點係靜止故其法線加速度為零。

答　(1)　切線加速度為 -50π m/min^2。

　　　(2)　法線加速度為 0。

2.3　線量與角量的關係

1. 線位移與角位移的關係，如圖 2.3-1 所示：

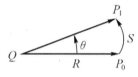

圖 2.3-1　S 與 θ 之關係

$$S \fallingdotseq R\theta \quad\text{...} (2.14)$$

式中　S　：弧長

　　　R　：曲率半徑

　　　θ　：角位移

2. **線速度與角速度的關係：**

由式(2.14)式 $S = R\theta$，若被時間 t 微分之

$$V = \frac{dS}{dt} = \frac{dR\theta}{dt} = R\frac{d\theta}{dt} = R \cdot \omega \quad\text{..} (2.15)$$

式中　V　：切線速度

　　　R　：曲率半徑

　　　ω　：角速度

3. **線加速度與角加速度的關係，如圖 2.3-2 所示：**

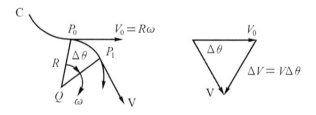

圖 2.3-2　方向改變造成之速度改變

曲線運動時，動點沿動路上任一點作切線方向速率改變者稱為切線加速度，以 A_t 表示之。動點對旋轉中心方向改變所產生的速率改變稱為向心加速度，又稱法線加速度，以 A_n 表示之。

(1) $A_t = \lim\limits_{\Delta t \to 0} \dfrac{V - V_0}{t - t_0} = \dfrac{dV}{dt} = \dfrac{dR\omega}{dt} = R\dfrac{d\omega}{dt} = R\alpha$ ....(2.16)

(2) $A_n = \dfrac{dV}{dt} = \lim\limits_{\Delta t \to 0} \dfrac{V\Delta\theta}{\Delta t} = V\dfrac{d\theta}{dt} = V \cdot \omega = R\omega^2$ ....(2.17)

4. 作曲線運動之物體，其運動之加速度：

$$A = \sqrt{A_n^2 + A_t^2} = R\sqrt{\omega^4 + \alpha^2}$$ ....(2.18)

範例 2-7 剛體曲線如圖 2.3-3 以一減速比率為 4 rad/s² 的角加速度順時鐘方
向轉動，當角速度 $\omega = 2$ rad/s 時，寫出 A 點的速度與加速度向量
表示式。

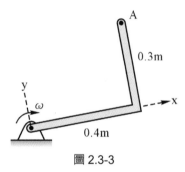

圖 2.3-3

解 利用右手定則可得

$\omega = -2k$ rad/s 和 $\alpha = +4k$ rad/s²

A 點的速度、加速度即為

$V = -2k \times (0.4i + 0.3j) = 0.6i - 0.8j$ m/s

$A_n = -2k \times (0.6i - 0.8j) = -1.6i - 1.2j$ m/s²

$A_t = 4k \times (0.4i + 0.3j) = -1.2i + 1.6j$ m/s²

$A = -2.8i + 0.4j$ m/s²

速度 V 和加速度 A 的大小為

$V = \sqrt{0.6^2 + 0.8^2} = 1$ m/s 和 $A = \sqrt{2.8^2 + 0.4^2} = 2.83$ m/s²

範例 2-8　如圖 2.3-4 所示之工業用機器手臂，其使用在將一小型零件 P 的定位上。當 $\theta = 30°$、$\dot{\theta} = 10$ deg/s 與 $\ddot{\theta} = 20$ deg/s^2 的瞬間，試計算 P 之加速度 A 的大小。

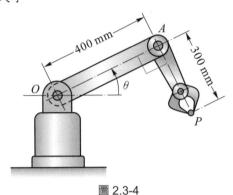

圖 2.3-4

解

$$A = \sqrt{A_t^2 + A_n^2}$$

$$= \sqrt{(\overline{OP} \cdot \alpha)^2 + [\overline{OP} \times \omega^2]^2}$$

$$= \sqrt{\left(500 \times \frac{20\pi}{180}\right)^2 + \left[(500) \times \left(\frac{10 \times \pi}{180}\right)^2\right]^2}$$

$$= \sqrt{174.4^2 + 15.2^2}$$

$$= \sqrt{30415.36 + 231.04}$$

$$= 175.06 \text{ mm/s}^2$$

2.4　運動與靜止、絕對運動與相對運動〔高考〕

1. 一質量之位置應以座標軸來決定，若此點在座標系內對原點有距離或方向之改變即稱為運動，反之則稱為靜止。

2. 在整個宇宙中只有相對運動，而無絕對運動。但一般研究質點之運動以地球為一定點，對地球之運動均視為絕對運動，兩運動質點間之運動視為相對運動。

2.5　機械運動的種類

1. **依加速度之情形而分：**

   (1) 等速運動：物體作直線平移運動時，加速度為零者。

   (2) 變速運動：物體之運動，若其線加速度不為零，或角加速度不為零者，均為變速運動。變速運動依照加速度是否為常數或變數又可分為：

   ① 等加速運動：包括等線加速度及等角加速度運動在內。

   ② 變加速運動：簡諧運動[註]便是變加速運動的例子。

[註]：簡諧運動(simple harmonic motion)

一質點作直線往復運動其加速度與位移成正比，但方向相反者，如一質點作等速圓周運動時，投影在該圓任一直徑的運動。如圖 2.5-1。

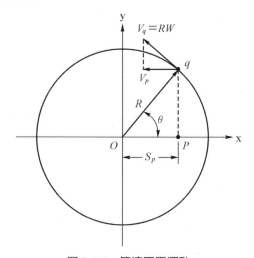

圖 2.5-1　等速圓周運動

$$S_p = R\cos\theta = R\cos\omega t \dots\dots\dots\dots\dots\dots\dots\dots\dots\dots (2.19)$$

$$V_p = \frac{dS_p}{dt} = -R\omega\sin\omega t \dots\dots\dots\dots\dots\dots\dots\dots\dots (2.20)$$

$$A_p = \frac{dV_p}{dt} = -R\omega^2\cos\omega t \dots\dots\dots\dots\dots\dots\dots\dots (2.21)$$

$$= -\omega^2 S_p \dots\dots\dots\dots\dots\dots\dots\dots\dots\dots\dots\dots (2.22)$$

$$\therefore S_{max} = R$$

$$V_{max} = R\omega$$

$$A_{max} = R\omega^2$$

範例 2-9　某簡諧運動的振幅是 0.06 吋，最大速率是每秒 40 呎，試求它的運動周期
多少？最大加速度多少？　　　　　　　　　　　　　　　　　　　　【高檢】

解　已知　$R = 0.06$ 吋 $= \dfrac{0.06}{12} = 0.005$ 呎

$V_{max} = 40$ 呎／秒

求 T、A_{max}

由公式　$V_{max} = \omega R$

$40 = \omega \cdot 0.005$

$\therefore \omega = 8000 (\text{rad/sec})$

$T = \dfrac{2\pi}{\omega} = \dfrac{2\pi}{8000} = 0.000785 (秒／次)$

$A_{max} = \omega^2 R = (8000)^2 \cdot 0.005 = 320000 (呎／秒^2)$

答　(1)　周期 0.000785 秒／次。

(2)　最大加速度 320000 呎／秒^2。

範例 2-10　如圖 2.5-2 所示，裝設有彈簧的滑動件在可忽略摩擦的水平滑槽內移動。
當滑動件通過滑槽的中點時(即 $S = 0$ 與 $t = 0$ 處)，其在 S 方向的速度為 V_0。
而兩彈簧則一起對滑動件的運動施一阻力，此阻力對滑車產生一個正比於
位移但與位移反向的加速度 $a = -k^2 s$。其中 k 為常數(為了稍後便於陳述表
示式的形式，因而將此常數做任意平方)。試以時間 t 為函數，求出位移 S
與速度 V 的表示式。

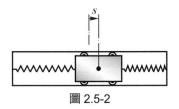
圖 2.5-2

解　由於 $a = \ddot{S}$，故已知的關係式可立即表示如下

$\ddot{S} + k^2 S = 0$

上式為二階線性常微分方程式，其解為熟悉的

$S = A\sin Kt + B\cos Kt$

其中 A、B 與 K 為常數。

將上述表示式代入微分方程式中，並證明只要 $K = k$ 則其滿足方程式。速度 $V = \dot{S}$，因此成為

$V = Ak \cos kt - Bk \sin kt$

由初始條件$(t = 0，V = V_0)$可得 $A = \dfrac{V_0}{k}$，再由$(t = 0，S = 0)$可得 $B = 0$。

因此，此解為

$S = \dfrac{V_0}{k} \sin kt$　　和　　$V = V_0 \cos kt$

為一簡諧運動。

----

2. **依動路之形態而分：**

(1) 平面運動：物體內各質點恆在平行之平面內移動者。若一質點在空間運動所行經的路徑稱為該質點之動路(path of motion)而照其質點之動路又可分成：

　① 直線運動，如圖 2.5-3(a)。

　② 曲線運動，如圖 2.5-3(b)。

　③ 迴轉運動，如圖 2.5-3(c)。

(2) 螺旋運動：物體繞一定之軸線迴轉，且沿軸線方向作平移者稱為螺旋運動。

(3) 球面運動：物體運動時，其上各點運動的範圍不限於一平面內，且物體上各點，距一定之中心，各有一定之距離，如萬向接頭之運動便是。

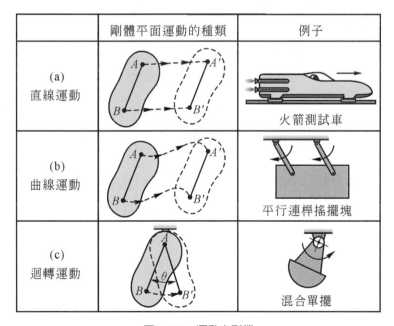

圖 2.5-3　運動之形態

3. **依週期性而分：**

(1) 非週期運動(non-periodic motion)

質點之動路若爲開敞之曲線，則其運動不具週期性，故爲非週期運動。機器中之機件，其運動均具週期性，故非週期運動，在"機構學"中並無應用。

(2) 週期運動(period motion)

當機構內之一機件由開始運動到回復原位，即爲循環一次，產生週而復始循環不已之運動者稱爲週期運動。

① 頻率(frequency)

單位時間內之循環數即爲頻率，以 N 表示。

② 週期(period)

完成一運動循環所需的時間，謂之運動週期；以 T 表示

$$T = \frac{2\pi}{\omega} \quad 或 \quad \omega = 2\pi N$$

ω 表角速度，N 表頻率，又頻率爲　$N = \frac{1}{T}$ 。

4. **依運動期間有無間歇而分：**

(1) 連續運動(continuous motion)

機件在運動循環中，並無停止及逆行之現象者，稱爲連續運動。

(2) 間歇運動(intermittent motion)

機件在運動循環中，具有一段靜止歇息之時間者，謂之間歇運動。

(3) 往復運動(reciprocating motion)

機件在運動循環中，運動方向沿直線或曲線逆行者，稱爲往復運動。

2.6　機械運動之傳遞方式

凡驅使其它機件運動者，稱爲原動件；凡受其它機件驅動而發生運動者，稱爲從動件。原動件與從動件之間，可直接接觸或藉某"媒體"來傳達運動，因此運動之傳達方式可分爲兩大類：

1. **直接接觸傳動，又可分為：**

(1) 滾動接觸：如摩擦輪、滾動軸承之傳動。

(2) 滑動接觸：如凸輪、鉋床、衝錘之運動。

(3) 滾動帶滑動接觸：如齒輪之傳動(除節點爲滾動接觸外其餘曲線皆爲滑動)。

2. **間接接觸傳動，依中間聯接之媒介物性質，又可分為：**

(1) 剛性聯接傳動：以連桿傳動，可傳達推力及拉力。

(2) 撓性聯接傳動：以軟性帶類傳動，可傳達拉力，如皮帶、鏈條等。

(3) 流體聯接傳動：以液體或氣體為媒介物以傳動之，可傳達推力，如氣壓或液壓裝置。

2.7　向量和比例尺

1. **向量：**

僅含有大小而無方向觀念之量，稱為純量，如尺寸或質量。含有大小及方向之物理量，稱為向量，如速度、加速度及力等。

2. **比例尺：**

當我們機構學中要以圖解法解決機件速度或加速度問題時，必須按照機構的比例，以放大(如 2/1)，相等(如 1/1)，或縮小(如 1/2)的方式畫出以利作答。

常用之位移、速度加速度及作用力等說明如下例：

(1) 位移比例尺：以 k_s 表示。例如圖上一公分等於機器上機件尺寸 20 公分，則 $k_s = 20$ 公分。

(2) 速度比例尺：以 k_V 表示。例如機構中某機件上一點的線速度為 20 公分／秒，而 $k_V = 20$ 公分／秒，則表示圖上 1 公分長之線代表線速度為 20 公分／秒。

(3) 加速度比例尺：以 k_a 表示。例如機構中某機件上一點的加速度為 100cm/sec²，而 $k_a = 100$ cm/sec²，則表示圖上 1 公分長之線代表加速度為 100 cm/sec²；同理，若有另一點之加速度線長為 0.3 公分，則表此點之加速度為

$$100 \text{ cm/sec}^2 \times 0.3 = 30 \text{ cm/sec}^2$$

(4) 力比例尺：以 k_f 表示。例如 $k_f = 2$N 時，便表示圖上 1 公分表示 2 牛頓的力。

(5) 純量的大小：也可用比例尺表示。例如時間比例尺 $k_t = 2$ sec 時，便表示圖上 1 公分代表 2 秒的時間。

3. **向量之分解與合成：**

(1) 向量的合成

① 平行四邊形法：如圖 2.7-1 所示，將 A、B 這兩個向量劃成平行四邊形，其對角線 R 就是這兩個向量之合成。

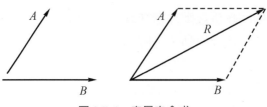

圖 2.7-1　向量之合成

② 三角形法：先畫已知向量 V_A，再以 V_A 之末端爲起點畫已知向量 V_B，然後聯接 V_A 之起點與 V_B 之末端，則此線 V_R 即爲二向量之合成，如圖 2.7-2 所示。

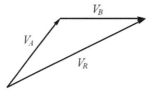

圖 2.7-2　三角形法

③ 代數法：如圖 2.7-3 所示。

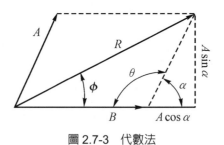

圖 2.7-3　代數法

$$|\vec{R}|^2 = |\vec{A}|^2 + |\vec{B}|^2 - 2|\vec{A}| \cdot |\vec{B}| \cos\theta$$

$$= |\vec{A}|^2 + |\vec{B}|^2 - 2|\vec{A}| \cdot |\vec{B}| \cos(180° - \alpha)$$

$$= |\vec{A}|^2 + |\vec{B}|^2 + 2|\vec{A}| \cdot |\vec{B}| \cos\alpha \quad\text{... (2.23)}$$

$$\phi = \tan^{-1} \frac{|\vec{A}|\sin\alpha}{|\vec{B}| + |\vec{A}|\cos\alpha} \quad\text{.. (2.24)}$$

④　向量多邊形法：如圖 2.7-4 所示，以最初一個向量 A 的起點為尾，以最後一個向量 E 的末端為頭的向量，圖中 R 就是所有各向量的總和。

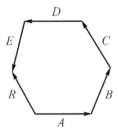

圖 2.7-4　多邊形法

(2)　向量的分解：向量可以合成、可以分解。一般而言，在平面中的向量都可以分解為兩個任意不同方向的向量，如圖 2.7-5 所示。

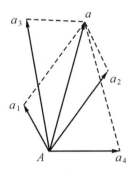

圖 2.7-5　向量的分解

(3)　向量的減法(相對速度)

①　三角形法：如圖 2.7-6 所示，如欲自向量 V_A 中減去向量 V_B，可集 V_A 與 V_B 之原點於一處，自 V_B 之末端至 V_A 之末端畫向量 V_{AB}，此即為其差。若 $V_{AB} = V_A - V_B$，其指向應由 B 向 A；即 A 對 B 之相對速度，也就是由 B 看 A 的相對速度。

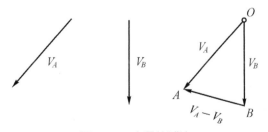

圖 2.7-6　向量的減法

② 代數法：如圖 2.7-7。

向量之差

$$|\vec{D}|=|\vec{A}-\vec{B}|=\sqrt{|\vec{A}|^2+|\vec{B}|^2-2|\vec{A}|\cdot|\vec{B}|\cos\alpha} \qquad \text{.................................. (2.25)}$$

$$\phi=\tan^{-1}\frac{|\vec{A}|\sin\alpha}{|\vec{B}|-|\vec{A}|\cos\alpha} \qquad \text{.. (2.26)}$$

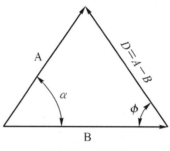

圖 2.7-7　代數法

範例 2-11 如圖 2.7-8 兩向量之夾角為 60°，其絕對值為 8 及 12，求向量和及方向角。

【特考】

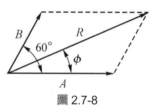

圖 2.7-8

解

$$|\vec{R}|=\sqrt{|\vec{A}|^2+|\vec{B}|^2+2|\vec{A}|\cdot|\vec{B}|\cos\alpha}$$

$$|\vec{R}|=\sqrt{12^2+8^2+2\cdot12\cdot8\cdot\cos60°}=17.44$$

$$\phi=\tan^{-1}\frac{|\vec{B}|\sin\alpha}{|\vec{A}|+|\vec{B}|\cos\alpha}$$

$$=\tan^{-1}\frac{8\cdot\dfrac{\sqrt{3}}{2}}{12+8\cdot\dfrac{1}{2}}$$

$$=\tan^{-1}0.433=23.4°$$

答 向量和 $|\vec{R}|=17.44$ 方向角 $\phi=23.4°$。

範例 2-12 一架以 800 km/h 之速率往東飛的噴射運輸機 A，如圖 2.7-9 上的旅客觀察另一架噴射機 B 水平飛行通過運輸機的下方。雖然 B 之鼻端朝東北 45° 方向，但對旅客而言，B 機似乎以 60° 的角度飛離運輸機，試求 B 機之真正速度。

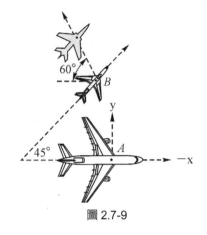

圖 2.7-9

解 將移動參考軸附著在 A 上，在此作相對觀測，所以我們可寫成

$$V_{B/A} = V_B - V_A$$

$$V_B = V_A + V_{B/A}$$

接下來我們判斷已知數與未知數。速度 V_A 之大小與方向都已給定。在 A 上之移動觀察者所觀察 B 之速度 $V_{B/A}$ 的方向為 60°，且 B 之真正速度的方向 45° 亦為已知。剩下兩個未知數為 V_B 與 $V_{B/A}$ 之大小。我們可以下列三種方法的任一種來解此向量方程式：

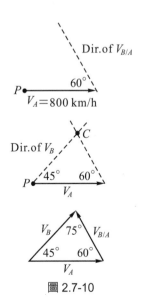

圖 2.7-10

答 (1) 圖解法：我們以一適當比例在某一點 P 畫出向量 V_A，作為求向量和之開始。接下來在 V_A 的頂點以已知之 $V_{B/A}$ 的方向繪製一線。已知 V_B 的方向則由 P 畫出，其交點 C 使我們完成一向量三角形並產生唯一解，由量測未知量的大小可得

$$V_{B/A} = 586 \text{ km/h} \quad 和 \quad V_B = 717 \text{ km/h}$$

(2) 三角學法：繪出向量三角形，以三角學解得

$$\frac{V_B}{\sin 60°} = \frac{V_A}{\sin 75°}$$

$$V_B = 800 \frac{\sin 60°}{\sin 75°} = 717 \text{ km/h}$$

(3) 向量代數法：利用單位向量 i 與 j，我們將每個速度以向量形式表為

$$V_A = 800i \text{ km/h}，V_B = (V_B\cos 45°)i + (V_B\sin 45°)j$$

$$V_{B/A} = (V_{B/A}\cos 60°)(-i) + (V_{B/A}\sin 60°)j$$

將此關係代入相對速度方程式，分別對 i 與 j 項求解得

(*i*-terms) $\quad V_B\cos 45° = 800 - V_{B/A}\cos 60°$

(*j*-terms) $\quad V_B\sin 45° = V_{B/A}\sin 60°$

解聯立方程式可得未知速度之大小為

$$V_{B/A} = 586 \text{ km/h} \quad and \quad V_B = 717 \text{ km/h}$$

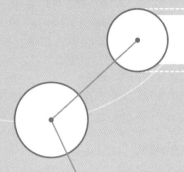

第三章

速度分析

3.1　速度與機件

在機動學中，速度之分析的方法有很多，其中圖解法較為簡單，準確度也夠，所以較常被採用，而常用之速度分析法有下列 5 種：

1. 速度分解與合成(resolution and composition)。
2. 瞬心法(centro)。
3. 瞬時軸法(instantaneous axis of velocity)。
4. 相對速度法(又稱速度多邊形法)(relative velocity or velocity polygon)。
5. 折疊法。

3.2　速度分解與合成

1. 在同一剛體 F 內任意兩點沿連線上的分速度必相等，如圖 3.2-1 所示 P、Q 兩點在連線上之分速度 $V_{PX} = V_{QX}$，因若 $V_{QX} > V_{PX}$，則 P、Q 兩點間距離變長，反之若 $V_{QX} < V_{PX}$，則 P、Q 兩點間距離縮短，而剛體是不能變形的，故

$$V_{PX} = V_{QX}$$

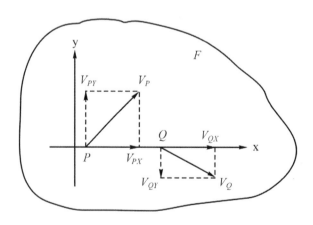

圖 3.2-1　速度分解與合成法

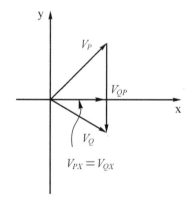

圖 3.2-2　速度於 xy 座標中

2. 一個剛體上兩點的相對速度(速度差)，必與兩點的連線垂直，如圖 3.2-2 所示。

$$V_{QP} = V_Q - V_P = (V_{QX} + V_{QY}) - (V_{PX} + V_{PY})$$
$$= (V_{QX} - V_{PX}) + (V_{QY} - V_{PY})$$

$\because V_{QX} = V_{PX}$

$\therefore V_{QP} = V_{QY} - V_{PY}$(在 Y 方向)

故 V_{QP} 必垂直於 X 方向 (即 PQ 連線之方向)。

結論：在一剛體上，

(1) 兩點的速度沿兩點連線之分速度必相等，即 $V_{PX} = V_{QX}$。

(2) 兩點間的相對速度必與兩點的連線垂直，即 $V_{QP} \perp \overline{PQ}$。

(3) 剛體之角速度等於兩點之速度差除以兩點間之距離，即

$$\omega_{PQ} = \frac{V_Q - V_P}{PQ}$$

範例 3-1 如圖 3.2-3 所示，P、Q 在 F 剛體上，V_P 之方向大小為已知；V_Q 之方向已知(沿 $Q\overline{Q}$)，求 Q 點之速度。

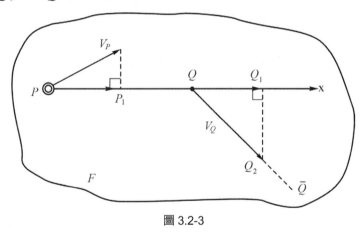

圖 3.2-3

解 作圖步驟：

(1) 連接 PQ 直線。

(2) 將 V_P 投影至 PQ 直線上，其分速度 $V_{PX} = PP_1$。

(3) 因 $V_{PX} = V_{QX}$，令 $PP_1 = QQ_1$。

(4) 從 Q_1 作 PQ 垂線，交 $Q\overline{Q}$ 於 Q_2 點。

(5) 則 $V_Q = QQ_2$。

範例 3-2　如圖 3.2-4 所示，P、Q、R 在 F 剛體上，三點不成一直線，V_P 已知，V_Q 之方向在 $Q\bar{Q}$ 上，求 V_Q 及 V_R。

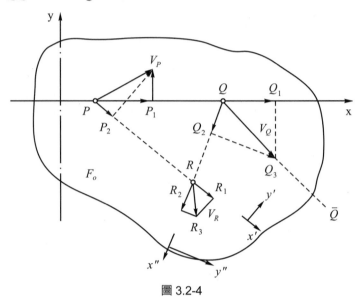

圖 3.2-4

解　作圖步驟：

同例 1 之作法可求出 $V_Q = QQ_3$

求 V_R

(1)　連接 PR 直線及 QR 直線。

(2)　將 V_P 投影在 PR 直線上，其分速度 $V_{PX'} = PP_2$，將 V_Q 投影在 QR 直線上，其分速度 $V_{QX} = QQ_2$。

(3)　因 $V_{PX'} = V_{RX'}$，令 $PP_2 = RR_1$。

(4)　因 $V_{QX''} = V_{RX''}$，令 $QQ_2 = RR_2$。

(5)　從 R_1 及 R_2 作 PR 及 QR 之垂線，交於 R_3。

(6)　則 $V_R = RR_3$。

範例 3-3　如圖 3.2-5 所示，P、Q、R 在 F 剛體上且成一直線，已知 $V_P = PP_1$ 及 R 之速度方向 $R\overline{R}$，求 V_Q 及 V_R。

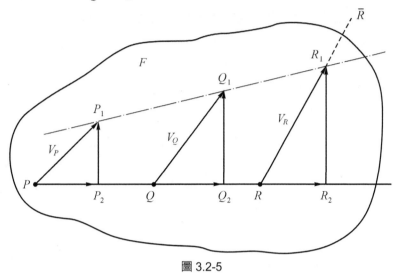

圖 3.2-5

解　作圖步驟：

(1)　連接 PQR 直線。

(2)　將 V_P 投影至 PQR 直線上，其分速度 $V_{PX} = PP_2$。

(3)　因 $V_{PX} = V_{QX} = V_{RX}$，令 $PP_2 = QQ_2 = RR_2$。

(4)　從 R_2 作 PR 之垂線，交 $R\overline{R}$ 於 R_1 點，則 $V_R = RR_1$。

(5)　連接 P_1R_1 直線。

(6)　從 Q_2 作 PQ 之垂線，交 P_1R_1 於 Q_1 點，則 $V_Q = QQ_1$。

範例 3-4 如圖 3.2-6 所示之四連桿機構，當機構運動至圖示位置時已知 V_A，求 V_B。

解 作圖步驟：

(1) 將 V_A 投影至 AB 延長線上，其分速度 $V_{AX} = Aa_1$。

(2) 因 $V_{AX} = V_{BX}$，令 $Aa_1 = Bb_1$。

(3) 因 V_B 之速度必垂直於 Q_2B，即 $B\bar{B}$ 方向。

(4) 從 b_1 作 AB 之垂線交 $B\bar{B}$ 於 b 點。

(5) 則 $V_B = Bb$。

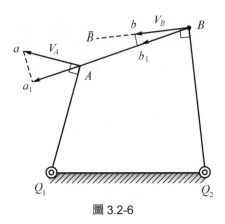

圖 3.2-6

範例 3-5　如圖 3.2-7 所示之機構位置，已知 $V_A = Aa$，求 B、C 與 D 之速度。

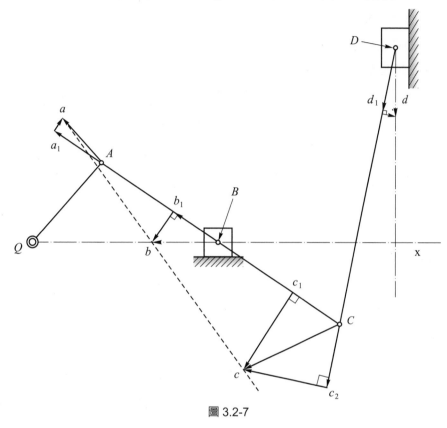

圖 3.2-7

解　作圖步驟：

(1) 因 A、B、C 成一直線，故依例 3 之做法可求出 $V_B = Bb$(因滑塊之速度必在水平之滑面方向)、$V_C = Cc$。

(2) 將 V_c 投影至 CD 延長線上，其分速度 $V_{CX} = Cc_2$。

(3) 因 $V_{CX} = V_{DX}$，令 $Cc_2 = Dd_1$。

(4) 因滑塊 D 之速度必在垂直滑面方向。

(5) 從 d_1 作 CD 之垂線，交垂直滑面於 d 點，則 $V_D = Dd$。

3.3　瞬心法

1. **瞬心之定義：**

   兩物體之重合之點，絕對速度相等，此點即稱為瞬心。

2. **瞬心的種類：**

   (1) 固定中心：一物體恆以此點為中心繞另一物體而轉動，即機構之轉軸。

   (2) 永久中心：兩物體共有的一點，即機構之樞紐。

   (3) 瞬時中心：兩物體在此點的線速度相等，但此點不一定要在兩物體上，而此種瞬心又可分成兩種：

   ① 瞬時旋轉中心：一物體與靜止機件所形成之瞬心，其瞬心之速度為零，即兩機件以此瞬心為中心旋轉，具有固定軸相同的性質。

   ② 瞬時等速中心：兩機件在瞬心位置之線速度相等(此速度不為零)。

3. **瞬心數目之決定：**

   機構中，每兩個機件間必有一個瞬心，若此機構有 N 件，則瞬心總數為 C

   $$C = \frac{N(N-1)}{2}$$

4. **甘乃迪三心定律：**

   當三個機件互作相對運動時，有三個瞬心，且三個瞬心恆在一直線上，此謂之三心定律(law of three centers)，如圖 3.3-1 所示。

   證明：

   已知　G、S 之瞬心在 C_1

   　　　G、T 之瞬心在 C_2

   設 S、T 之瞬心在 P 點(不與 C_1、C_2 成一直線)

   則 P 點在 S 上之速度 $V_S \perp PC_1$

   　　P 點在 T 上之速度 $V_T \perp PC_2$

   由圖知 V_S 與 V_T 之速度方向不同

   故　$V_S \neq V_T$(不合)

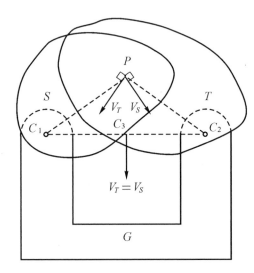

圖 3.3-1　甘乃迪三心定律

而若 P 點與 C_1C_2 成一直線(即 $C_3C_1C_2$ 成一直線)

則 $V_S \perp C_3C_1C_2$，而 $V_T \perp C_3C_1C_2 \Rightarrow V_S$ 與 V_T 才可能相等

故 S、T 之瞬心必在 C_1、C_2 二瞬心之連線上

即三瞬心成一直線，故得證。

範例 3-6　如圖 3.3-2 之機構，求其瞬心之數目、位置及其種類。

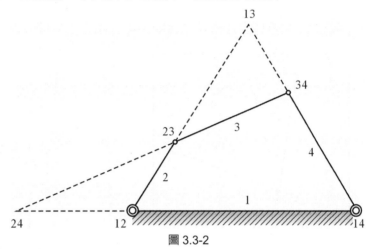

圖 3.3-2

解　機構有 4 桿件，即 $N = 4$

∴瞬心數目

$$C = \frac{N(N-1)}{2} = \frac{4(4-1)}{2} = 6$$

其中　12 及 14 為固定中心

　　　23 及 34 為永久中心

　　　13 為瞬時旋轉中心

　　　24 為瞬時等速中心

---

5. **瞬心之基本判定法：**

(1) 迴轉對其瞬心即迴轉中心，如圖 3.3-3 所示。

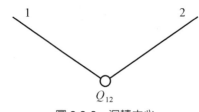

圖 3.3-3 迴轉中心

(2) 滑行對之瞬心即為滑行動路之曲徑中心，如圖 3.3-4 所示，若滑行動路為直線，則其瞬心在垂直該動路直線上無窮遠處，如圖 3.3-5 所示。

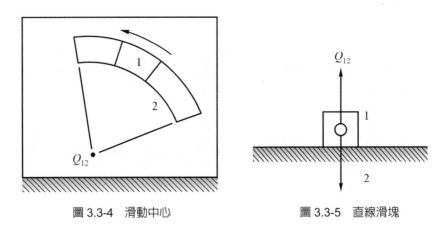

圖 3.3-4 滑動中心　　　　圖 3.3-5 直線滑塊

(3) 以純滾動接觸的兩機件，其瞬心即接觸點，如圖 3.3-6 所示。

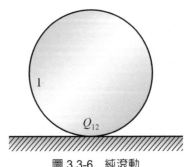

圖 3.3-6 純滾動

範例 3-7　求如圖 3.3-7(a)(b)機構之瞬心。

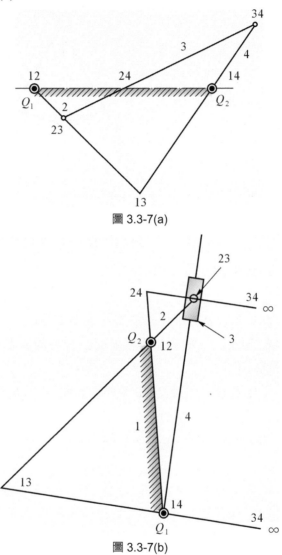

圖 3.3-7(a)

圖 3.3-7(b)

範例 3-8 如圖 3.3-8 所示，已知 V_A，求 V_B。

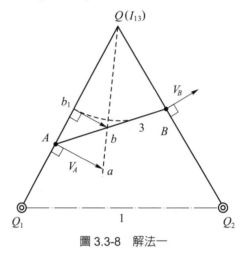

圖 3.3-8 解法一

解 **解法一**：以瞬時旋轉中心求 V_B。

作圖步驟：

(1) 延長 Q_1A 與 Q_2B 直線交於 Q 點，即為 13 瞬心。

(2) 以 Q 點為圓心，QB 為半徑畫弧交 Q_1Q 直線於 b_1 點。

(3) 連接 Qa 線。

(4) 從 b_1 點作 Q_1Q 之垂線交 Qa 直線於 b 點，則 $bb_1 = V_B$。

(5) 將 bb_1 移回 B 點($\perp Q_2B$)。

解法二：以瞬時等速中心求 V_B，如圖 3.3-9。

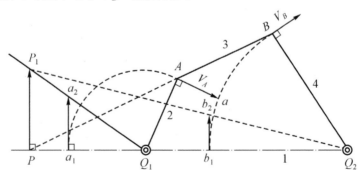

圖 3.3-9 解法二

作圖步驟：

(1)　延長 AB 與 Q_1Q_2 直線交於 P 點即為 24 瞬心。

(2)　以 Q_1 點為圓心，Q_1A 為半徑作弧，交 Q_1P 於 a_1 點。

(3)　從 a_1 作 Q_1P 之垂線，令 $a_1a_2 = Aa = V_A$。

(4)　從 P 點作 Q_1P 之垂線，交 Q_1a_2 延長線於 P_1 點，則瞬心速度 $V_P = PP_1$。

(5)　以 Q_2 為圓心，Q_2B 為半徑作弧，交 Q_2P 於 b_1 點。

(6)　從 b_1 作 Q_1P 之垂線，交 Q_2P_1 直線於 b_2 點，則 $b_1b_2 = V_B$。

(7)　將 V_B 移回 B 點($\perp Q_2B$)。

由此二法知，以瞬時旋轉中心來解題一般會比較方便一點。

範例 3-9　如圖 3.3-10 所示，已知 $V_A = Aa$，求 V_B 及 V_C。

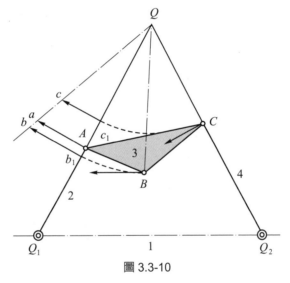

圖 3.3-10

解　作圖步驟：

(1)　延長 Q_1A 與 Q_2C 直線交於 Q 點，即為 13 瞬心。

(2)　以 Q 點為圓心，QB 及 QC 為半徑畫弧分別交 Q_1Q 直線於 b_1、c_1。

(3)　連接 Qa 直線。

(4)　從 b_1、c_1 作 Q_1Q 之垂線交 Qa 延長線於 b、c 兩點，則 $V_B = b_1b$，$V_c = c_1c$。

(5)　將 V_B、V_c 移回 B、C 二點(注意方向)。

3.4　瞬時軸法

剛體上任意兩點速度方向垂線之交點即為瞬時軸，為剛體瞬時的轉軸，具有固定軸相同的性質，即剛體上各點之瞬間的絕對速度與各點距瞬時軸之距離成正比且各點速度方向垂直於各點至瞬時軸之連線。

範例 3-10 如圖 3.4-1，一剛體 F 上有 A、B、C 三點，已知 $V_A = Aa$，$V_B = Bb$，求 V_C。

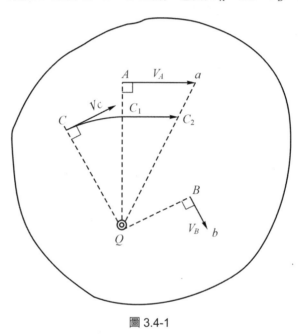

圖 3.4-1

解 作圖步驟：

(1) 作 V_A 及 V_B 之垂線交於 Q 點，Q 即為瞬時軸。

(2) 以 Q 點為圓心，QC 為半徑畫弧交 QA 於 C_1 點。

(3) 從 C_1 點作 QA 垂線交 Qa 直線於 C_2 點，則 $C_1C_2 = V_C$。

(4) 將 V_C 移回 C 點($\perp QC$)。

圖中 $V_A : V_B : V_C = QA : QB : QC$。

範例 3-11 如圖 3.4-2，已知 $V_A = Aa$，求 V_B 及 V_C。

解 作圖步驟：

(1) 因 $V_A \perp Q_1A$，$V_B \perp Q_2B$，故 ABC 之瞬時軸在 Q_1A 與 Q_2B 交於 Q 點。

(2) 以 Q 為圓心，QB、QC 為半徑畫弧交 QA 於 b_1、c_1 二點。

(3) 從 b_1、c_1 作 QA 垂線交 Qa 於 c_2、b_2 二點，則 $V_B = b_1b_2$，$V_C = c_1c_2$。

(4) 即 V_B、V_C 移回 B、C 二點。

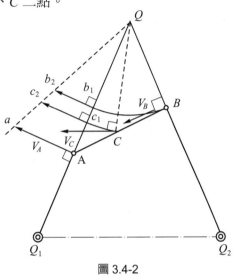

圖 3.4-2

範例 3-12 如圖 3.4-3，已知 $V_A = Aa$，求 V_B、V_D。

若一剛體作純滾動時，其圓與平面接觸的點就是瞬時軸，所以 Q_2 為圓之瞬時軸。故 $V_B \perp Q_2B$、$V_A \perp Q_1A$。

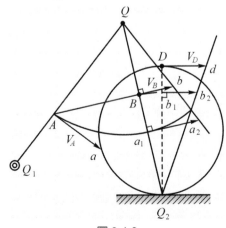

圖 3.4-3

解　作圖步驟：

(1)　Q_2B 與 Q_1A 交點 Q 為 AB 之瞬時軸。

(2)　以 Q 為圓心，QA 為半徑畫弧交 QQ_2 於 a_1 點。

(3)　令 $a_1a_2 = Aa = V_A$。

(4)　從 B 點作 QQ_2 之垂線交 Qa_2 於 b 點，則 $Bb = V_B$。

(5)　以 Q_2 為圓心，Q_2B 為半徑畫弧交 Q_2D 於 b_1 點。

(6)　令 $b_1b_2 = Bb = V_B(\perp Q_2D)$。

(7)　從 D 點作 Q_2D 之垂線交 Q_2b_2 延長線於 d 點則 $V_D = Dd$。

 # 3.5　速度多邊形法

1.　由向量之減法知，二向量 V_A、V_B 及其相對速度 $V_{BA}(= V_B - V_A)$ 必形成一三角形，如圖 3.5-1 所示。

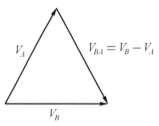

圖 3.5-1　速度多邊形法

2.　在同一剛體上 A、B 二點之相對速度 V_{BA} 必垂直於 AB 連線。

3.　角速度 $\omega_{AB} = \dfrac{V_{BA}}{AB}$。

範例 3-13　如圖 3.5-2，已知 V_A，求 V_B。

解　作圖步驟：

(1)　取一參考點 q。

(2)　令 $qa = Aa = V_A$(大小相等，且方向相同)。

(3)　從 q 點作 V_B 之速度方向 qb_1 (即 $\perp Q_2B$)。

(4)　從 a 點作 V_{BA} 之速度方向(即 $\perp AB$)交 qb_1 於 b 點。

(5)　則 $qb = V_B$，$ab = V_{BA}$

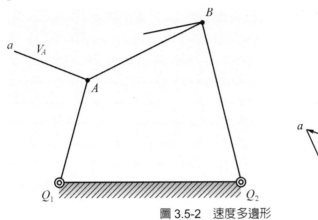

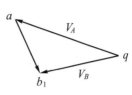

圖 3.5-2　速度多邊形

範例 3-14　如圖 3.5-3，已知 V_A，求 V_B、V_C、V_D、V_M

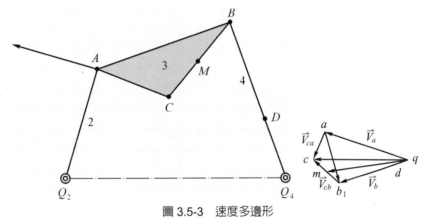

圖 3.5-3　速度多邊形

解　作圖步驟：

(1)　求 V_B

　　①取一參考點 q。

　　②令 $qa = V_A$。

　　③從 q 點作 qb_1 垂直 Q_4B。

　　④從 a 點作 AB 垂線交 qb_1 於 b 點，則 $qb = V_B$。

(2)　求 V_C

　　⑤從 a 點作 AC 之垂線及從 b 點作 BC 垂線，兩線相交於 c 點，則

　　　$qc = V_C$。

(3) 求 V_M

⑥因 M 點在 BC 上，所以 m 點也在 bc 上依比例法 $\dfrac{mc}{MC} = \dfrac{bc}{BC}$ ，可求出

m 點。

⑦則 $qm = V_M$。

(4) 求 V_D

⑧同上法依比例 $\dfrac{qd}{Q_4D} = \dfrac{qb}{Q_4B}$ ，可求出 d 點。

⑨則 $qd = V_D$。

圖 3.5-3 中之剛體 $\triangle ABC$ 與圖 3.5-3 之速度 $\triangle abc$ 為相似三角形，二者好像是影子，故此法又稱速度影像法。

範例 3-15 曲柄 $QA = 2$ cm，$AB = 6$ cm 依逆時針方向旋轉，$\omega = 2$ rad/sec，$\alpha = 1$ rad/sec²，求如圖 3.5-4 所示，求滑塊之速度 V_B。

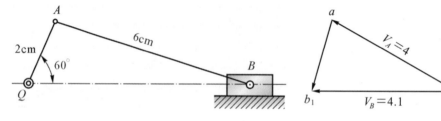

圖 3.5-4 速度多邊形

解 $V_A = QA \cdot \omega = 2 \times 2 = 4$ cm/sec。

(1) 取一參考點 q，且設 $k_V = 1$ cm/sec。

(2) 令 $qa = \dfrac{V_A}{k_V} = 4$ cm。

(3) 從 q 點作水平線 qb_1 (即 V_B 之方向)。

(4) 從 a 點作 AB 之垂線交 qb_1 於 b 點，則

$V_B = qb \times k_V = 4.1 \times 1 = 4.1$ cm/sec

3.6　折疊法

　　瞬心法及瞬時軸法要先求其瞬時軸，但有時瞬心之交點太遠，造成紙張不夠大，而折疊法即針對此缺點而產生的，此項作圖法係利用速度作 90 度的旋轉位移而求出結果，如此可不求出瞬心。

範例 3-16　如圖 3.6-1 所示，一剛體 F 上二點 A、B 已知 $V_A = Aa$，及 V_B 之方向 $B\bar{B}$，求 V_B。

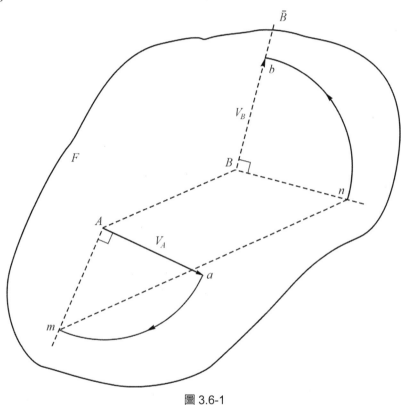

圖 3.6-1

解　作圖步驟：
(1) 以 A 點為圓心，Aa 為半徑順時鐘轉 90°(即將 V_A 順轉 90°變成 Am)。
(2) 從 m 點作 AB 之平行線過 B 點交 $B\bar{B}$ 之垂線於 n 點。
(3) 以 B 為圓心，Bn 為半徑逆時鐘轉 90°(即將 V_B 逆轉 90°回原位)交 $B\bar{B}$ 於 b 點，則 $Bb = V_B$。

範例 3-17 如圖 3.6-2 所示，已知 $V_A = Aa$，求 V_B。

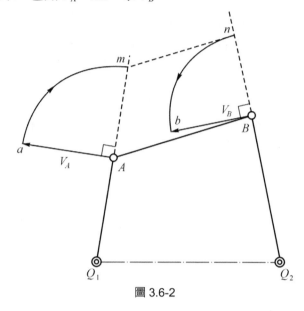

圖 3.6-2

解 作圖步驟：

(1) 將 V_A 順轉 90°，變爲 Am。

(2) 從 m 點作 AB 之平行線交 Q_2B 之延長線於 n 點。

(3) 將 Bn 逆轉 90° 變爲 Bb，則 $V_B = Bb$。

範例 3-18 如圖 3.6-3 所示，已知 V_A，求 V_C。

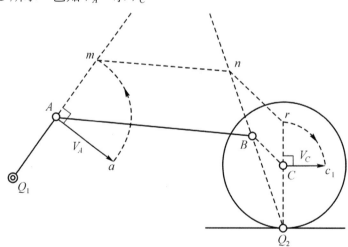

圖 3.6-3

解 作圖步驟：

(1) 將 V_A 逆轉 90°變爲 Am。

(2) 從 m 點作 AB 之平行線交 Q_2B 之延長線於 n 點。

(3) 從 n 點作 BC 之平行線交 Q_2C 之延長線於 r 點。

(4) 將 Cr 順轉 90°變爲 Cc_1，則 $V_C = Cc_1$。

3.7　機械利益

　　假設機構是一保守系統，則輸入功率(P_{in})等於輸出功率(P_{out})。因此，輸入扭矩乘上輸入角速度等於輸出扭矩乘上輸出角速度：

$$P_{in} = T_{in}\omega_{in} = T_{out}\omega_{out} = P_{out}$$

$$P_{in} = F_{in}V_{in} = F_{out}V_{out} = P_{out}$$

扭矩乘角速度之單位，及作用力與速度之純量積的單位，皆代表功率。

$$\frac{T_{out}}{T_{in}} = \frac{\omega_{in}}{\omega_{out}}$$

　　由定義，機械利益(mechanical advantage, M.A.)係輸出作用力對輸入作用力大小之比值：

$$\text{M.A.} = \frac{F_{out}}{F_{in}}$$

扭矩是作用力與一半徑的乘積，

$$\text{M.A.} = \left(\frac{T_{out}}{r_{out}}\right)\left(\frac{r_{in}}{T_{in}}\right) = \left(\frac{r_{in}}{r_{out}}\right)\left(\frac{T_{out}}{T_{in}}\right)$$

及

$$\text{M.A.} = \left(\frac{r_{in}}{r_{out}}\right)\left(\frac{\omega_{in}}{\omega_{out}}\right)$$

範例 3-19 雙槓桿機構中連桿 2 是輸入桿而連桿 4 則為輸出桿。求 MA。

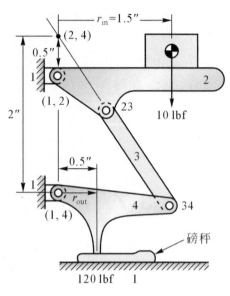

圖 3.7-1　由於一 10 磅重作用決定磅秤之讀數

解

$$\text{M.A.} = \frac{F_{\text{out}}}{F_{\text{in}}} = \left(\frac{\omega_2}{\omega_4}\right)\left(\frac{r_{\text{in}}}{r_{\text{out}}}\right) = \frac{\overline{(1,4-2,4)}}{\overline{(1,2-2,4)}}\frac{(r_{\text{in}})}{(r_{\text{out}})}$$

請注意，連桿 2 與 4 之共同瞬心(2,4)是落在其它兩個瞬心(1,2)，(1,4)之外邊，使其角速度比值為正。量取圖 3.7-1 中的矩離並解出 F_{out}。

$$F_{\text{out}} = F_{\text{in}}(\text{M.A.}) = (10)\frac{(2)}{(0.5)}\frac{(1.5)}{(0.5)} = (10)(4)(3) = 120 \,\text{lbf}$$

此結果可由圖 3.7-2 之分離體圖加以證實。同樣地，此處之機械利益以距離表示。

$$\text{M.A.} = \left(\frac{1.5}{0.3}\right)\left(\frac{1.2}{0.5}\right) = (5)(2.4) = 12$$

此雙槓桿機構分成兩部分，第一部分機械利益為 5，第二部分機械利益為 2.4，所以總機械利益增為 12，目前大型訂書機為了省力，也將單槓桿機構改為雙槓桿機構。

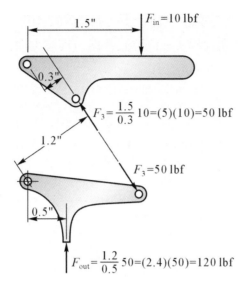

圖 3.7-2　由分離體圖決定其機械利益

範例 3-20　若輸入桿稱作連桿 2 而輸出桿稱為連桿 4，求 MA。

$$\frac{T_4}{T_2} = \frac{\omega_2}{\omega_4}$$

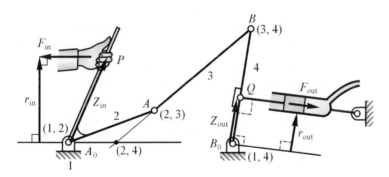

圖 3.7-3　當接近肘節位置時(A_0，A 及 B 共線)，
此四連桿手泵驅動機構之機構利益會增加。

解　瞬心$(2,4)$發現是落在瞬心$(1,2)$與$(1,4)$之間，故

$$\frac{T_4}{T_2} = \frac{\omega_2}{\omega_4} = \frac{\overrightarrow{(1,4-2,4)}}{\overrightarrow{(1,2-2,4)}}$$

$$\text{M.A.} = \left(\frac{r_{\text{in}}}{r_{\text{out}}}\right) = \frac{\overrightarrow{(1,4-2,4)}}{\overrightarrow{(1,2-2,4)}}$$

四連桿組恰好在其 "肘節" 位置，瞬心(1,2)和(2,4)重合。在此位置機械利益達到無窮大。由於連桿 2 與連桿 3 在此位置共線，(理想上而言)在 P 點施力小於 Q 點之抗力。

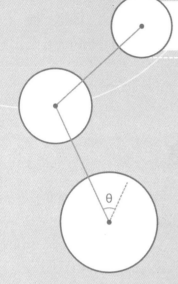

第四章

加速度分析

4.1　加速度分析之意義

　　當機器中的機構以高速運轉時，則作用於各機件之動力，必定是相當的大，因每一機件均有質量，由於加速度運動所產生的慣性力亦很大。因此對一機構作動力分析時，必先分析其加速度，以作爲機械設計的參考。

 ## 4.2　法線加速度與切線加速度

1.　速度在方向上的變化，所造成的加速度，其方向在法線方向上，故稱爲「法線加速度」，其指向對準動路之曲率中心，所以又稱爲「向心加速度」，如圖 4.2-1 所示。

$$A_n = \frac{dV}{dt} = \lim_{\Delta t \to 0} \frac{V\Delta\theta}{\Delta t} = V\omega = R\cdot\omega\cdot\omega = R\omega^2 = \frac{V^2}{R} \quad\text{.................................. (4.1)}$$

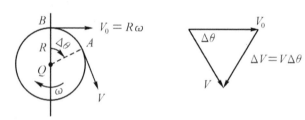

圖 4.2-1　速度方向改變造成之速度改變

2.　速度在大小上的變化，所造成的加速度，其方向在切線上，故稱爲「切線加速度」，如圖 4.2-2 所示。

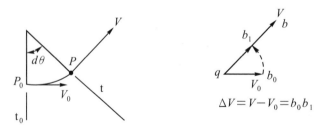

圖 4.2-2　速度大小改變造成之速度改變

$$A_t = \frac{dV}{dt} = \frac{dR\omega}{dt} = R\frac{d\omega}{dt} = R\alpha \quad\text{.. (4.2)}$$

3. 合成加速度,如圖 4.2-3。

$$A = \sqrt{(A_n)^2 + (A_t)^2}$$

$$\phi = \tan^{-1}\frac{A_t}{A_n} = \tan^{-1}\frac{R\alpha}{R\omega^2} = \tan^{-1}\frac{\alpha}{\omega^2}$$

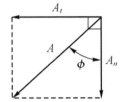

圖 4.2-3　加速度之合成

綜合以上之分析,可歸納如下:

1. 一運動物體,作曲線運動時(含圓周運動),不論有否角加速度,一定有法線加速度(向心加速度)。

2. 法線加速度等於兩點間的距離乘以角速度的平方,即 $A_n = R\omega^2$。

3. 法線加速度指向旋轉中心或旋轉軸,故又稱之為向心加速度。

4. 一運動物體上,兩點間若有角加速度,則必有切線加速度,因 $A_t = R\alpha$,$\alpha \neq 0$,則 $A_t \neq 0$。

5. 切線加速度之值,等於兩點間的連線距離乘以角加速度,即 $A_t = R\alpha$。

6. 切線加速度之方向與兩點連線垂直,其指向與角加速度相同。

7. 在一運動物體上,第一點對第二點之合成線加速度,等於其法線加速度與切線加速度之向量和,即 $A = \sqrt{(A_t)^2 + (A_n)^2}$。

8. 此合成線加速度必與此二點間之連線有一夾角 ϕ,ϕ 角與此二點間的角速度平方及角加速度有關,即

$$\phi = \tan^{-1}\frac{\alpha}{\omega^2}$$

4.3　相對加速度

　　圖 4.3-1 中當曲柄 QA_0 正以一個角速度 ω_{10} 及角加速度 α_{10} 對 Q 點轉動。浮桿 A_0B_0 連在 A_0 上，以一個絕對角速度 ω_{20} 及角加速度 α_{20} 轉動著，在這一瞬間，如圖 4.3-1(a)的線速度爲 V_{a_0} 而 B 的線速度爲 V_{b_0}，當經過時間 dt 後，A_0 移動至 A，B_0 移動至 B 如圖 4.3-1(b)所示。圖 4.3-2 中因爲

$$V_b = V_a + V_{ba} \quad\text{.. (4.3)}$$

$$V_{b_0} = V_{a_0} + V_{b_0 a_0} \quad\text{.. (4.4)}$$

$$\frac{(4.3)-(4.4)}{t} = \frac{V_b - V_{b_0}}{t} = \frac{V_a - V_{a_0}}{t} + \frac{V_{ba} - V_{b_0 a_0}}{t}$$

得加速度　　$A_b = A_a + A_{ba}$

因　　$A_a = A^n_a + A^t_a \quad\text{.. (4.5)}$

故　　$A_b = A^n_a + A^t_a + A^n_{ba} + A^t_{ba} \quad\text{.. (4.6)}$

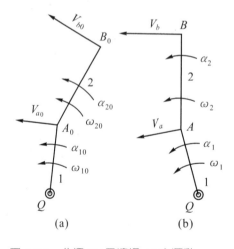

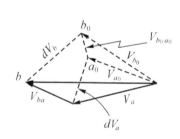

圖 4.3-1　曲柄 QA 及連桿 AB 之運動　　　　圖 4.3-2　速度多邊形

4.4 相對加速度法

如圖 4.4-1，已知剛體上一點 F 之切線速度 V_F 及加速度 A_F，又知剛體上另一點 G 的速度 V_G 沿 GN 的方向，加速度 A_G 沿 GM 的方向，求 G 點的加速度 A_G 及 FG 桿的角加速度 α_{FG}。

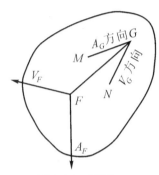

圖 4.4-1　剛體 FG

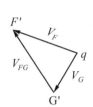

圖 4.4-2　速度多邊形

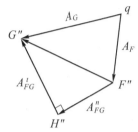

圖 4.4-3　加速度多邊形

1. 速度多邊形法作圖步驟，如圖 4.4-2：
   (1) 取 $qF' = V_F$。
   (2) 由 q 點作 GN 之平行線，表示 V_G 之方向。
   (3) 由 F' 點作垂直 FG 直線交 V_G 的方向線於 G' 點，則 $V_G = qG'$，$V_{FG} = F'G'$，則

   $$A_{FG}^n = \frac{V_{FG}^2}{F'G'}。$$

2. 加速度多邊形法作圖步驟，如圖 4.4-3：
   (1) 取 $qF'' = A_F$。
   (2) 由 F'' 點作 FG 的平行線 $F''H''$，且令 $F''H'' = A_{FG}^n = \dfrac{V_{FG}^2}{FG}$。
   (3) 由 H'' 作 $F''H''$ 的垂線。
   (4) 由 q 點作平行 GM 與 $F''H''$ 之垂線交於 G'' 點，則 $qG'' = A_G$。
   (5) $G''H'' = A_{FG}^t$，則 $\alpha_{FG} = \dfrac{A_{FG}^t}{F''G''}$

3. 用以上方法可以求得 $A_G = A_F + \dfrac{V_{FG}^2}{F''G''} + \alpha_{FG} \times F''G''$。

範例 4-1　如圖 4.4-4，$\omega_2 = 200$ rpm，逆時針迴轉，$\alpha_2 = 280$ rad/sec^2，試繪出速度多邊形與加速度多邊形，並求出 A_b，ω_3，α_3，ω_4，α_4。

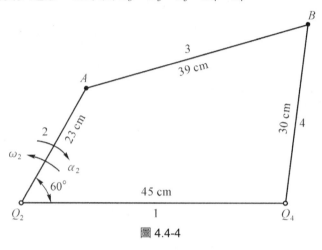

圖 4.4-4

解　$k_S = 6$ cm，$k_V = 1.2$ cm/sec，$k_a = 25$ m/sec^2

$$V_a = AQ_2 \times \omega_2 = \frac{23}{100} \times \frac{2\pi \times 200}{60} = 4.8 \text{ m/sec}(\perp Q_2 A)$$

$$A^n_a = \frac{V_a^2}{AQ_2} = \frac{(4.8)^2}{0.23} = 100.2 \text{ m/sec}^2(/\!/Q_2 A)$$

$$A^t_a = \alpha_2 \times AQ_2 = 280 \times 0.23 = 64.4 \text{ m/sec}^2(\perp Q_2 A)$$

作速度多邊形 $k_V = 1.2$ m/s 如圖 4.4-5。

圖 4.4-5　速度多邊形

$$A^n_{ba} = \frac{(V_{ab})^2}{AB} = \frac{(ab \times k_V)^2}{AB} = \frac{(2.2 \times 1.2)^2}{\left(\dfrac{39}{100}\right)} = 17.87 \text{ m/sec}^2(/\!/AB)$$

$$A^n_b = \frac{(V_b)^2}{Q_4 B} = \frac{(qb \times k_V)^2}{Q_4 B} = \frac{(3 \times 1.2)^2}{\left(\dfrac{30}{100}\right)} = 43.2 \text{ m/sec}^2(/\!/Q_4 B)$$

作加速度多邊形 $ka = 25$ m/s²

$A_b = q_b \times k_a = 2.1 \times 25 = 52.5$ m/sec²

$\omega_3 = \dfrac{V_{ab}}{AB} = \dfrac{ab \times k_V}{AB} = \dfrac{2.2 \times 1.2}{0.39} = 5.85$ rad/sec

$\omega_4 = \dfrac{V_b}{Q_4 B} = \dfrac{qb \times k_V}{Q_4 B} = \dfrac{3 \times 1.2}{0.30} = 12$ rad/sec

$\alpha_3 = \dfrac{A^t_{ab}}{AB} = \dfrac{3 \times 25}{0.39} = 192$ rad/sec²

$\alpha_4 = \dfrac{A^t_b}{Q_4 B} = \dfrac{1.2 \times 25}{0.30} = 100$ rad/sec²

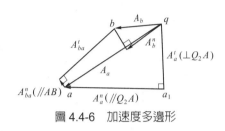

圖 4.4-6　加速度多邊形

範例 4-2　有一汽缸內徑×衝程為 20 cm×30 cm，轉速為 200 rpm 之蒸汽機如圖 4.4-7 所示，曲柄與連桿長度比為 1：4，當曲柄轉至和水平成 60°時求連桿 AB 中點 M 之線加速度及連桿之角速度與角加速度。

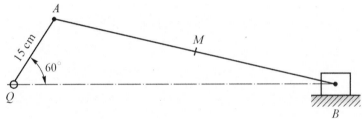

圖 4.4-7

解　$k_S = 7$ cm，$k_V = 1.5$ m/sec，$k_a = 32.1$ m/sec²

$V_a = \dfrac{2\pi \times 15 \times 200}{100 \times 60} = 3.14$ m/sec$(\perp QA)$

$A^n_a = \omega^2 \times QA = \left(\dfrac{2\pi \times 200}{60}\right)^2 \times \dfrac{15}{100} = 65.8$ m/sec²$(//QA)$

$A^n_{ab} = \dfrac{V_{ab}^2}{AB} = \dfrac{(1 \times 1.5)^2}{\dfrac{60}{100}} = 3.75$ m/sec²$(//AB)$

作出速度多邊形(如圖 4.4-8)與加速度多邊形(如圖 4.4-9)：

(1)　$A_m = q_m \times k_a = 1.3 \times 32.1 = 41.7$ m/sec²

(2)　$\omega_3 = \dfrac{V_{ab}}{AB} = \dfrac{1 \times 1.5}{\dfrac{60}{100}} = 2.5$ rad/sec

(3)　$\alpha_3 = \dfrac{A^t_{ab}}{AB} = \dfrac{1.9 \times 32.1}{\dfrac{60}{100}} = 101.65 \text{ rad/sec}$

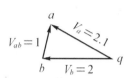

圖 4.4-8　速度多邊形 $k_V = 1.5$ m/s

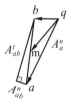

圖 4.4-9　加速度多邊形 $k_a = 32.1$ m/s

*4.5　科氏加速度 (Coriolis acceleration)

　　若一個桿件在另一轉動桿件上徑向地滑動，則該滑動桿件(或滑塊)受到垂直於徑向直線的加速度之作用，這個加速度部分是滑塊與中心之距離改變所產生的，部分是徑向滑動速度旋轉所產生的，我們將滑塊相對於另一轉動桿件之切線加速度稱為「科氏加速度」。

　　如圖 4.5-1 轉動桿件 QD 以等角速度繞著固定軸 Q 旋轉同時滑塊 S 在 QD 上自由滑動。

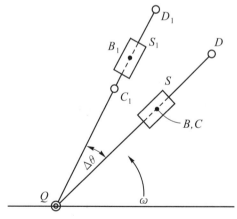

圖 4.5-1　QD，上有滑塊 S

第一種改變(如圖 4.5-2)

當滑塊由 B、C 旋轉至 B_1、C_1 時，考慮點 B 在桿件上相對於 C 之相對速度(V_{bc} 的方向改變是由於旋轉結果)，假設 $\Delta\theta$ 極小，ΔV 大小可表示為 $\Delta V = V_{bc}\Delta\theta$ 同除 Δt

$$\lim_{\Delta t \to 0}\frac{\Delta V}{\Delta t} = \lim_{\Delta t \to 0}V_{bc}\frac{\Delta\theta}{\Delta t} \Rightarrow A_b = V_{bc}\cdot\omega \quad\dotfill\quad(1)$$

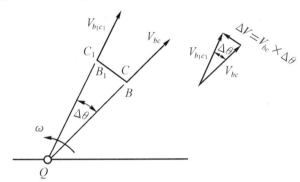

圖 4.5-2 V_{bc} 方向改變造成之加速度

第二種改變(如圖 4.5-3)

考慮當滑塊 S 離開中心向外移動時的切線速度(V_B 的改變是由於滑塊與 Q 距離改變的結果)此處 ΔV 可表示為

$$\Delta V = V_{b1} - V_b = \Delta r\cdot\omega$$

$$\lim_{\Delta t \to 0}\frac{\Delta V}{\Delta t} = \lim_{\Delta t \to 0}\frac{\Delta r}{\Delta t}\omega \Rightarrow A_b = V_{bc}\omega \quad\dotfill\quad(2)$$

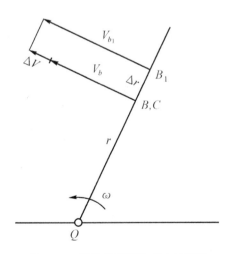

圖 4.5-3 滑塊位移所造成之加速度

綜合以上兩種改變結果我們可求得科氏加速度

$$A^c = (1)式 + (2)式$$

$$A^c = 2V_{bc}\omega$$

科氏加速度向量必定垂直於轉動桿件，就好像該向量繞著它本身的起點與 ω 同方向旋轉至垂直於向量 V_{bc} 的方向。其中 ω 係為轉動桿件的角速度，在桿件轉動的同時亦發生滑塊的滑動。

- -

範例 4-3 考慮塊 B 在轉動桿 QD 上滑動，同時 B 相對於桿上點 C 的速度為 5 ft/sec（$V_{bc} = 5$ ft/sec），該桿的角速度為 4 rad/sec，試求科氏加速度。

解 科氏加速度之大小可以表示為

$$A^c = 2V_{bc}\omega_{QD} = 2(5)(4) = 40 \text{ ft/sec}^2$$

[註]：A^c 的方向即為將向量 V_{bc} 沿著與轉動桿件 QD 同方向(順時針方向或反時針方向)旋轉 90°的方向。

- -

範例 4-4 如圖 4.5-4 中，曲柄 2(Q_2A)迴轉時，以 120 rpm 帶動滑塊 A 在連桿 3 上滑動，$Q_2Q_3 = 2$ cm，$Q_2A = 4.5$ cm，$Q_3B = 2.5$ cm，$Q_3A = 6.5$ cm，當曲柄 2 逆轉時轉至水平成 60°時，求 B 點的線加速度與曲柄 3 的角速度與角加速度。

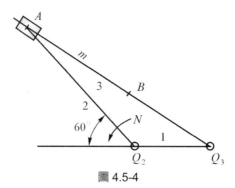

圖 4.5-4

解 $k_v = 0.5$ m/sec，$k_a = 2$ m/sec^2

A 點在連桿 2 上的加速度 A_{a2}

$$A_{a_2} = R\omega^2 = \frac{4.5}{100} \times \left(\frac{2\pi \times 120}{60}\right)^2 = 7.09\,\text{m/sec}^2$$

$$V_{a_2} = R\omega = \frac{4.5}{100} \times \frac{2\pi \times 120}{60} = 0.565\,\text{m/sec}(\perp Q_2A)$$

作速度多邊形如圖 4.5-5 所示：

(1) $V_{a_3} = q'a_3\,(\perp Q_3A)$

(2) $V_{a_2} = q'a_2\,(\perp Q_2A)$

(3) $u = a_2a_3\,(/\!/Q_3A)$

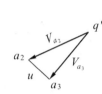

圖 4.5-5 速度邊形

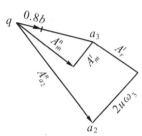

圖 4.5-6 加速度多邊形

作加速度多邊形如圖 4.5-6 所示：

(1) $A_{a_2} = A^n_r + A^t_r + A^n_m + A^t_m + A^c$。

(2) $A^n_r = 0 (\because$滑塊直線運動，故無法線加速度)。

(3) $A^t_r/\!/AQ_3$ 大小不知道(滑塊切線加速度)。

(4) $A^n_m/\!/Q_3A$。

(5) $A^t_m = \alpha \times Q_3A (\perp Q_3A)$大小不知道。

(6) $A^c = 2u\omega_3 (\perp Q_3A)$

　　滑塊 A 在連桿 3 上之法線加速度

$$A^n_{\,m} = \frac{(V_{a_3})^2}{Q_3A} = \frac{(1 \times 0.5)^2}{0.065} = 3.85\,(/\!/Q_3A)$$

　　滑塊在導路 3 上滑動速度 u

$$u = V_{a_2a_3} = a_2a_3 \times k_V = 0.5 \times 0.5 = 0.25\,\text{m/sec}$$

$$\omega_3 = \frac{V_{a3}}{Q_3A} = \frac{q'a_3 \times k_V}{Q_3A} = \frac{1 \times 0.5}{0.065} = 7.7$$

科氏加速度 $A^c = 2u\omega_3 = 2\times0.25\times7.7 = 3.85 \text{ m/sec}^2$

①B 點之加速度

$A_b = qb\times k_a = 0.8\times2 = 1.6 \text{ m/sec}$

② $\omega_3 = \dfrac{q'a_3 \times k_V}{Q_3A} = \dfrac{1\times0.5}{\dfrac{6.5}{100}} = 7.69 \text{ rad/sec}$

③ $\alpha_3 = \dfrac{A'_m \times k_a}{Q_3A} = \dfrac{0.9\times2}{0.065} = 27.69 \text{ rad/sec}^2$

範例 4-5 有一機構(mechanism)如圖 4.5-7 所示位置時滑桿 4 向左等速移動速度為 $\vec{V}_4 = -250i$ 公厘／每分(mm/min)，請用圖解法求：

(1)桿 2 端 B 點速度 $\vec{V}_B$。 (2)桿 2 擺動角速度 $\vec{\omega}_2$。

(3)B 點加速度 $\vec{A}_B$。 (4)桿 2 擺動角加速度 $\vec{\alpha}_2$。 【77 高考】

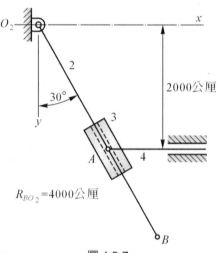

圖 4.5-7

解 $V_{A_2} = V_{A_4} + V_{A_2/A_4}$， $V_{A_4} = 250\text{mm}/\sec \leftarrow$

由圖 4.5-8 之速度多邊形可求出

$V_{A_2} = V_{A_4}\cos30° = 216.5 \text{ mm/sec}$

$V_{A_2/A_4} = V_{A_4}\sin30° = 125 \text{ mm}/\sec$

$\omega_2 = \dfrac{V_{A_2}}{r_{A_2}} = \dfrac{216.5}{2000\times\sec30°} = 0.09375 \text{ rad/s } cw$

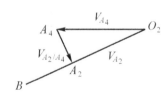

圖 4.5-8

$$V_B = r_B \omega_2 = 4000 \times 0.09375 = 375 \text{ mm} / \sec$$

$$A_{A_4}^n + A_{A_4}^t = A_{A_2}^n + A_{A_2}^t + A_{A_2/A_4}^n + A_{A_2/A_4}^t + 2V_{A_2/A_4} \omega_2$$

$$A_{A_2}^n = \frac{V_{A_2}^2}{r_{A_2}} = \frac{216.5^2}{2000 \times \sec 30°} = 20.3 \text{ mm} / \sec^2$$

$$A_{A_2}^t = r_{A_2} \times \alpha_2 \quad \text{大小未知，方向已知}$$

$$A_{A_2/A_4}^n = \frac{V_{A_2/A_4}^2}{R} = \frac{(125)^2}{\infty} = 0$$

$$A_{A_2/A_4}^t : \text{大小未知，方向已知}$$

$$A^c = 2V_{A_2/A_4} \omega_2 = 2 \times 125 \times 0.09375 = 23.4 \text{ mm} / \sec^2$$

由圖 4.5-9 之加速度多邊形可求得

$$A_{A_2}^t = r_{A_2} \alpha_2 = A^c \text{，} 2000 \times \sec 30° \times \alpha_2 = 23.4$$

$$\alpha_2 = 0.01 \text{ rad/sec}^2 \text{ } ccw$$

$$A_B^n = \frac{V_B^2}{r_B} = \frac{375^2}{4000} = 35.2 \text{ mm} / \sec^2$$

$$A_B^t = r_B \alpha_2 = 4000 \times 0.01 = 40 \text{ mm} / \sec^2$$

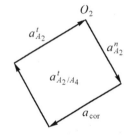

圖 4.5-9

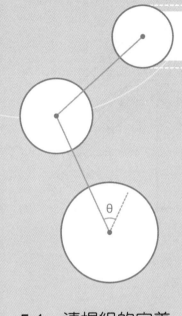

第五章

連桿機構

5.1　連桿組的定義

　　機械上一個連桿必與其他一連桿構成對偶，由許多連桿及對偶而聯繫在一起的組成物，稱為連桿裝置(link work)或稱連桿組(linkage)，如圖 5.1-1 所示。

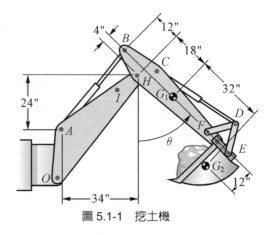

圖 5.1-1　挖土機

5.2　基本四連桿組之辨認

　　如圖 5.2-1 所示為一四連桿組：

1. AD 桿稱為機架，連接 A 與 D 兩固定旋轉中心之直線，稱為聯心線。
2. AB 桿及 CD 桿為兩旋轉桿可能為曲柄(此桿可作整圈迴轉)，或為搖桿(此桿只能作搖擺運動)。
3. BC 桿用來聯接 AB 與 CD 桿以傳達兩者間的運動，故稱為連桿或浮桿。

　　連桿組為拘束鏈，任何連桿機構均可分解成數個基本四連桿組，圖 5.2-1 左方為開放型，右方為交叉型，連桿之長度必須滿足。

$$AB + BC + DC > AD \qquad\qquad AB + AD + DC > BC$$

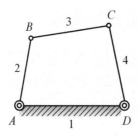
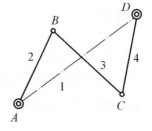

圖 5.2-1　四連桿組

　　連桿機構之功用是將原動件的迴轉運動，變成從動件之迴轉、搖擺、往復運動或反轉時，若以曲柄及搖桿組為基本型態的四連桿組，則可得到三種型態：①曲柄搖桿組、②雙曲柄組、③雙搖桿組，茲分述如下。

5.3　曲柄搖桿機構
(crank and rocker mechanism)

一機構中有一曲柄可繞固定部分迴轉，及一搖桿繞固定部分擺動，其間用一連桿連接者，稱爲曲柄搖桿機構，如圖 5.3-1 所示。

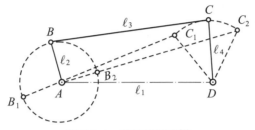

圖 5.3-1　曲柄搖桿機構

設　固定桿 AD 之長度爲 ℓ_1　　　　　　曲柄 AB 之長度爲 ℓ_2

　　連桿 BC 之長度爲 ℓ_3　　　　　　搖桿 DC 之長度爲 ℓ_4

則欲使此一四連桿組發生曲柄搖桿之運動，須符合下列三條件：

由　$\triangle AC_2D$ 知 $\ell_1+\ell_4>\ell_2+\ell_3$ ....(1)

由　$\triangle AC_1D$ 知 $\ell_1+\ell_3>\ell_2+\ell_4$ ....(2)

由　$\triangle AC_1D$ 知 $\ell_3+\ell_4>\ell_2+\ell_1$ ....(3)

$$(1) + (2) \Rightarrow \ell_1 > \ell_2$$
$$(1) + (3) \Rightarrow \ell_4 > \ell_2$$
$$(2) + (3) \Rightarrow \ell_3 > \ell_2$$

得出曲柄之長度 ℓ_2 爲最短。

曲柄搖桿機構中，若以曲柄爲原動件，則曲柄無論運動至任何位置皆可使搖桿開始擺動。但若以搖桿爲原動件，則當連桿運動至與曲柄成一直線時，連桿施於曲柄之力通過曲柄的轉動中心 A 點，所以不能產生力矩。若不加外力，則無法使搖桿自這兩個位置起動，曲柄便無法被帶動，運動便無法連續，這兩個位置稱爲死點位置，如圖 5.3-1 所示的 C_1 與 C_2 即是。然而死點(靜點)位置的消除，除可在軸 A 上裝置沉重的飛輪(Fly wheel)，藉飛輪的慣性力(Inertial force)衝過靜點位置，並可利用兩組曲柄搖桿聯合操作，以便運動連續。

曲柄搖桿組的應用，如圖 5.3-2 所示的灰漿拌揉機、圖 5.3-3 所示的腳踏縫紉機構等。

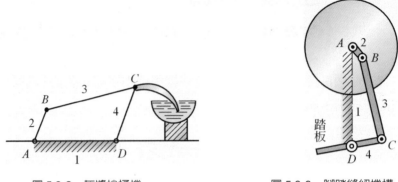

圖 5.3-2 　灰漿拌揉機 　　　　　　　　　圖 5.3-3 　腳踏縫紉機構

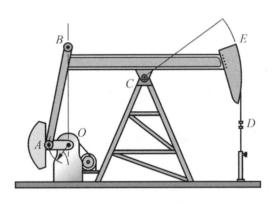

圖 5.3-4 　原油加壓機

　　原油加壓裝置配置示於圖 5.3-4，撓性加壓桿 *D* 連接在扇形塊 *E* 上在進入低於 *D* 點以下的位置時會呈垂直，連桿 *AB* 傳遞配重曲軸 *OA* 驅動樑 *BCE*，使其產生振盪運動，其中 *OABC* 為一曲柄搖桿機構。

　　一組用以推動小型箱子離開裝配線，進入輸送帶的機構示於圖 5.3-5 中，桿臂 *OD* 與曲柄 *CB* 在垂直位置，在圖示的組態位置的瞬間，圖中 *CBAO* 為曲柄搖桿機構，圖 5.3-6 為整布機及圖 5.3-7 騎腳踏車皆為曲柄搖桿機構之應用。

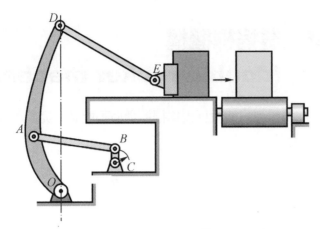

圖 5.3-5　推送機構

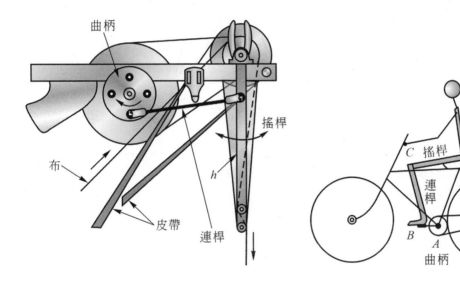

圖 5.3-6　整布機　　　　　　　　　　圖 5.3-7　騎腳踏車

5.4 雙搖桿機構 (double rocker mechanism)

一機構中的兩個旋轉桿都只能做反復搖擺運動而不能做一完整的圓周運動，此即為雙搖桿機構，如圖 5.4-1 所示。

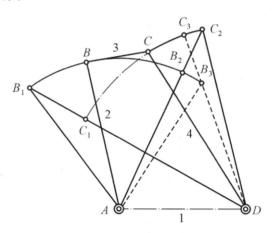

圖 5.4-1 雙搖桿機構

設　固定桿 AD 之長度為 ℓ_1

連桿 AB 之長度為 ℓ_2

連桿 BC 之長度為 ℓ_3

搖桿 CD 之長度為 ℓ_4

則欲使此一四連桿組發生雙搖桿之運動，須符合下列三條件：

由　$\triangle AB_3D$ 知 $\ell_2 + \ell_4 > \ell_3 + \ell_1$ ....(1)

由　$\triangle AC_2D$ 知 $\ell_1 + \ell_4 > \ell_3 + \ell_2$ ....(2)

由　$\triangle AB_1D$ 知 $\ell_2 + \ell_1 > \ell_3 + \ell_4$ ....(3)

$$(1) + (2) \Rightarrow \ell_4 > \ell_3$$
$$(1) + (3) \Rightarrow \ell_2 > \ell_3$$
$$(2) + (3) \Rightarrow \ell_1 > \ell_3$$

得出浮桿之長度 ℓ_3 為最短。

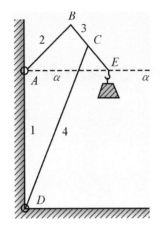

圖 5.4-2 起重機構

圖 5.4-3 起重機

雙搖桿機構的應用如圖 5.4-2 及圖 5.4-3 所示的起重機,這小型的起重機被架設在小卡車的貨物平台上,其有利於重負載的處理。圖 5.4-2 機件 2 和 4 都是搖桿,當搖桿 2 和 4 擺動時,連桿 3 上載荷鉤懸掛點 E,便沿近似直線 αα 而運動,維持載荷的水平移動。又如圖 5.4-4 所示的電風扇搖擺機構浮桿 BC 可以在空間做完全旋轉,所以當運動繼續時,浮桿就不停地在旋轉。故我們可以將原動力加於浮桿 BC,而使 AB 及 CD 同時搖擺,桌上用電風扇的搖擺裝置就是利用這種機構做成的。

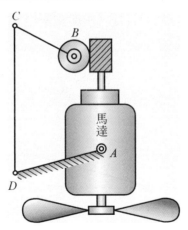

圖 5.4-4 電風扇搖擺裝置

5.5　雙曲柄機構
(double crank mechanism)

一機構中的兩個旋轉桿皆可分別繞 A 及 B 固定軸迴轉，如圖 5.5-1 所示，稱為雙曲柄機構又稱牽桿機構(drag-link mechanism)。若欲使兩曲柄均能作整周迴轉，且無 "死點" 位置時，則各連桿間之長度，必須符合下列兩個條件：

1. 每一曲柄之長度必須大於 "聯心線" 之長度，及圖中 $AD > AB$，$BC > AB$。

2. 較短曲柄繪出之圓，將長曲柄繪出之圓的直徑分成兩段，如圖之 C_2E 及 C_2D_3，而連桿 CD 之長度，必須大於其中之小者(C_2E)，且必須小於其中之大者(C_2D_3)。

　　由　△AC_2D_2 知 $AC_2 = BC_2 - AB > AD_2 - C_2D_2$

　　　　　$(\Rightarrow CD > C_2E = AB + AD - BC)$

　　　　　$CD + BC > AB + AD$ .... (1)

　　由　△BC_3D_3 知 $AD + CD > AB + BC$ .... (2)

　　由　△BC_3D_3 知 $BD_3 = AD_3 - AB > C_3D_3 - BC_3$

　　　　　$(\Rightarrow CD < C_2D_3 = AD + BC - AB)$

　　　　　$AD + BC > AB + CD$ .... (3)

由上列條件中得出機架 AB 最短，且任一根與機架相加其合必比另二根連桿合還要短。

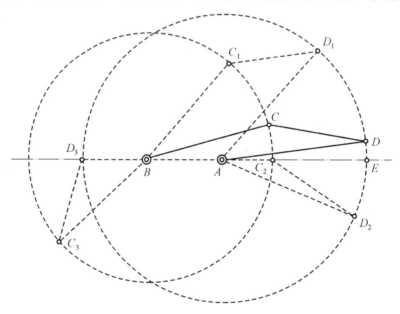

圖 5.5-1　固定軸迴轉

　　牽桿機構可以構成一速歸運動機構，即曲柄作等速旋轉運動，另一曲柄則作不等速旋轉運動，如此一快一慢的旋轉運動即可作成速歸運動。如圖 5.5-2 所示。

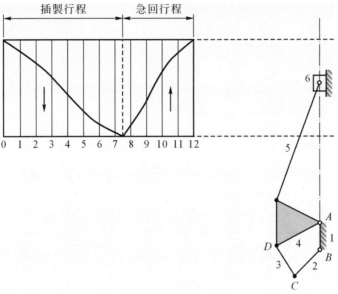

圖 5.5-2　雙曲柄機構

圖 5.5-3 中，繪 AM、BN 垂直於連桿 CD 的延線上，則

$$V_C\cos\theta_C = V_D\cos\theta_D$$

$$\omega_{BC} \cdot BC \cdot \cos\theta_C = \omega_{AD} \cdot AD \cdot \cos\theta_D$$

$$\omega_{BC} \cdot BN = \omega_{AD} \cdot AM$$

$$\frac{\omega_{AD}}{\omega_{BC}} = \frac{BN}{AM}$$

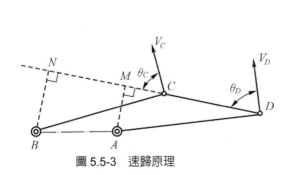

圖 5.5-3　速歸原理

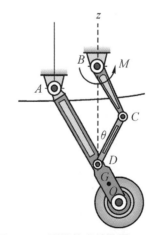

圖 5.5-4　飛機的鼻輪裝置

　　若連桿 CD 運動至與機架 AB 平行時，則 BN 等於 AM，即 $\omega_{AB} = \omega_{BC}$。若曲柄 BC 為主動件作等速運動，而 AM < BN 時，則 ω_{AD} 較快，若 AM > BN，則 ω_{AD} 較慢，依此原理故可用於插床速歸機構。此外，牽桿機構亦可應用於飛機的鼻輪裝置，如圖 5.5-4 所示。

範例 5-1　在機構分析中，何謂 Loop mobility criteria，並試推導四連桿之角速度的方程式求出 influence coefficients。　　　　　　　　　　　【78 高考】

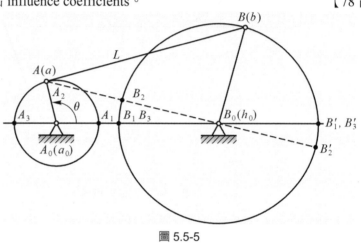

圖 5.5-5

解　(1)Loop mobility criteria：

$$\overline{A_0B_0} < \overline{B_0B} + \overline{AB} + \overline{AA_0},$$

$$\overline{AB} < \overline{AA_0} + \overline{A_0B_0} + \overline{B_0B}$$

平面四連桿機構需滿足上兩式才能運動，此兩式稱為平面四連桿機構之可動性條件。

(2)如圖 5.5-6 所示，一個四連桿機構的位置方程式，可用 B 點位置的獨立向量表出。

$$r_B = r_2 e^{i\theta_2} + r_3 e^{i\theta_3} = r_1 + r_4 e^{i\theta_4} \cdots\cdots\cdots\cdots\cdots①$$

求位置方程式微分，得

$$r_2\dot{\theta}_2 i e^{i\theta_2} + r_3\dot{\theta}_3 i e^{i\theta_3} = r_4\dot{\theta}_4 i e^{i\theta_4} \cdots\cdots\cdots\cdots\cdots②$$

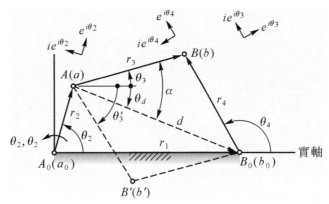

圖 5.5-6　平面四連桿機構

②式的幾何意義，即為相對速度多邊形，可參考圖 5.5-7。向量方程式應照下述三步驟解得。

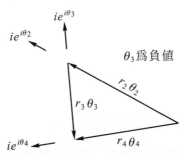

圖 5.5-7　用複數極坐標表示平面四連桿機構的相對速度

首先將向量方程式分成實數部與虛數部兩部分：

$$-r_2\dot{\theta}_2\sin\theta_2 - r_3\dot{\theta}_3\sin\theta_3 = -r_4\dot{\theta}_4\sin\theta_4 \cdots\cdots\cdots\cdots\cdots\cdots\cdots\cdots③$$

$$r_2\dot{\theta}_2\cos\theta_2 + r_3\dot{\theta}_3\cos\theta_3 = r_4\dot{\theta}_4\cos\theta_4$$

其次將兩個未知項 θ_3 及 θ_4 移到左邊：

$$\dot{\theta}_3(-r_3\sin\theta_3) + \dot{\theta}_4(r_4\sin\theta_4) = r_2\dot{\theta}_2\sin\theta_2 \cdots\cdots\cdots\cdots\cdots\cdots④$$

$$\dot{\theta}_3(r_3\cos\theta_3) + \dot{\theta}_4(-r_4\cos\theta_4) = -r_2\dot{\theta}_2\cos\theta_2$$

最後用克氏法則(Cramer's rule)解④式：

$$\dot{\theta}_3 = \frac{\begin{vmatrix} r_2\dot{\theta}_2\sin\theta_2 & r_4\sin\theta_4 \\ -r_2\dot{\theta}_2\cos\theta_2 & -r_4\cos\theta_4 \end{vmatrix}}{\begin{vmatrix} -r_3\sin\theta_3 & r_4\sin\theta_4 \\ r_3\cos\theta_3 & -r_4\cos\theta_4 \end{vmatrix}} \cdots\cdots\cdots\cdots\cdots\cdots\cdots\cdots⑤$$

由此可得

$$\dot{\theta}_3 = \dot{\theta}_2 \frac{r_2 r_4 \cos\theta_2 \sin\theta_4 - r_2 r_4 \sin\theta_2 \cos\theta_4}{-r_3 r_4 \cos\theta_3 \sin\theta_4 + r_3 r_4 \sin\theta_3 \cos\theta_4}$$

$$= \dot{\theta}_2 \frac{r_2 \sin(\theta_4 - \theta_2)}{r_3 \sin(\theta_3 - \theta_4)}$$

$$\dot{\theta}_4 = \frac{\begin{vmatrix} r_2 \theta_2 \sin\theta_2 & -r_3 \sin\theta_3 \\ -r_2 \dot{\theta}_2 \cos\theta_2 & r_3 \cos\theta_3 \end{vmatrix}}{\begin{vmatrix} r_4 \sin\theta_4 & -r_3 \sin\theta_3 \\ -r_4 \cos\theta_4 & r_3 \cos\theta_3 \end{vmatrix}}$$

$$= \frac{\dot{\theta}_2 [r_2 r_3 \sin\theta_2 \cos\theta_3 - r_2 r_3 \sin\theta_3 \cos\theta_2]}{r_3 r_4 \sin\theta_4 \cos\theta_3 - r_3 r_4 \sin\theta_3 \cos\theta_4}$$

$$= \dot{\theta}_2 \frac{r_2 \sin(\theta_2 - \theta_3)}{r_4 \sin(\theta_4 - \theta_3)}$$

5.6 平行曲柄機構 (parallel crank mechanism)

一四連桿形成一平行四邊形者，如圖 5.6-1 所示，即

曲柄 AB =曲柄 CD

聯心線 AD =連桿 BC

所以此四連桿組可用於產生平行運動，且不論運動在什麼位置，都是平行四邊形，而使兩曲柄的旋轉方向一致。圖中，兩固定軸至連桿的垂直線 AM 與 DN 相等，所以曲柄 AB 與曲柄 CD 的角速率相等。

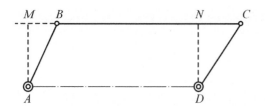
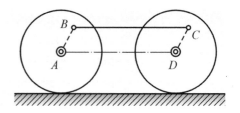

圖 5.6-1 平行曲柄機構

　　例如蒸氣火車頭的車輪上有一平行桿，這樣才能確保兩車輪的角速率相等，克服死點的方法可用兩組平行曲柄機構配合使用。圖 5.6-2 所示為現代製圖室中常備之 "萬能製圖器" 之簡圖，主要係由平行四邊形連桿組 *ABDC* 及 *EFHG* 聯合組成。當機件 *AC* 與 *BD* 擺動時，*CD* 總是平行於固定的 *AB* 且垂直於 *EF*，而 *GH* 又時時平行於 *EF*，所以 *GH* 也是時時垂直於 *CD*，這種機構稱平行運動機構。如圖 5.6-3、5.6-4 即為平行運動機構之應用，圖 5.6-5 為摺式安全門機構。

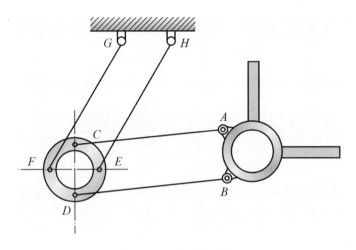

圖 5.6-2　萬能製圖器

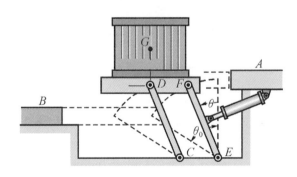

圖 5.6-3　平行連桿將條板箱從平台 *A* 以油壓操作傳送至平台 *B*

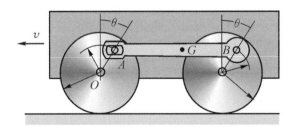

圖 5.6-4　火車之兩輪用 $\overline{AB}$ 桿連接，形成平行曲柄機構，使兩輪保持相等之轉速

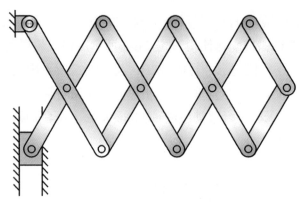

圖 5.6-5　摺式安全門機構

5.7　非平行相等曲柄機構

基本四連桿組中非平行相等曲柄機構可分成交叉型及開放型兩類機構。

1. 圖 5.7-1 所示者為交叉型之非平行相等曲柄機構，又稱交叉連桿組(crossed four-bar linkage)。當曲柄 *AB* 等角速率旋轉時，*CD* 桿必作變角速率且方向相反的轉動，但兩曲柄旋轉一周所需的時間是相等的(*AB = CD*，*BC = AD*)。

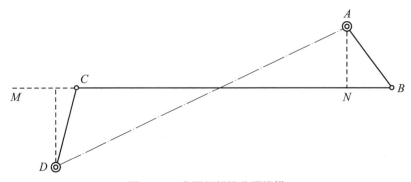

圖 5.7-1　非平行相等曲柄機構

在此機構中，當曲柄 *AB* 運動至曲柄 *CD* 及連桿 *BC* 成一直線時，會有二個死點。若在 *b* 及 *c* 安裝環形鉤，而在 *a* 及 *d* 安裝銷釘，如圖 5.7-2，即可在運轉時順利通過該項機構之死點。

若要克服死點，亦可利用橢圓輪的方法，如圖 5.7-3 所示，固定橢圓輪 2 的焦點 *A* 及另一橢圓輪 4 的焦點 *D*，且 *AD* 的距離等於長軸 *ab* 或 *cd*，當兩橢圓滾動接觸時，其接觸點在連心線上的一點 *P*，兩橢圓輪的角速比與轉軸至接觸點的距離成反比。即

$$\frac{\omega_2}{\omega_4} = \frac{DP}{AP}$$

當 ω_2 等速旋轉時，因 AP 及 DP 隨時改變，所以 ω_4 必做變速迴轉運動。利用這兩個滾動接觸的橢圓體，可改成橢圓齒輪，用在插床上，變成急回運動機構(慢速進刀，快速退刀)。

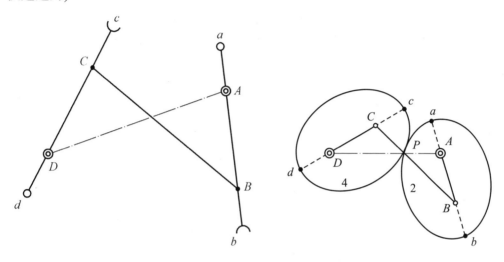

圖 5.7-2 插床急回機構　　　　　　　圖 5.7-3 橢圓齒輪

範例 5-2 如圖 5.7-4 之相等而不平行曲柄機構裡 $AC = BD = 8$ 吋，$AB = CD = 3$ 吋，AB 以 25rpm 的等速旋轉，求 CD 的最大角速度以弧度／秒的單位表示，當 CD 有最大角速度時繪出此機構的位置。　　　　　　　【高考】

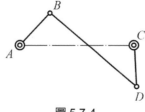

圖 5.7-4

解　$BC = \sqrt{(AB)^2 + (AC)^2 - 2(AB)(AC)\cos\theta} = \sqrt{73 - 48\cos\theta}$

$\cos\phi = \dfrac{BC^2 + AC^2 - AB^2}{2BC \cdot AC} \Rightarrow \cos\phi = \dfrac{BC^2 + 55}{16BC}$

$CP = \dfrac{BC}{2\cos\phi} = \dfrac{8BC^2}{BC^2 + 55}$

$AP = \dfrac{BC}{2\cos\phi} = \dfrac{8BC^2}{BC^2 + 55}$

$BP = 8 - CP = \dfrac{440}{BC^2 + 55}$

$\therefore \dfrac{\omega_{CD}}{\omega_{AB}} = \dfrac{AP}{CP} \Rightarrow \omega_{CD} = 25 \text{ rpm} \times \dfrac{AP}{CP} = 25 \times \dfrac{55}{73 - 48\cos\theta}$

當 $\theta = 0$(即 A、B、C、D 四點成一直線)

$\omega_{CD} = 25 \text{ rpm} \times \dfrac{55}{25} = 55 \text{ rpm}\ldots\ldots CD$ 之最大角速度。

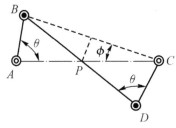

圖 5.7-5

2.　開放型之非平行等曲柄機構，如圖 5.7-6 所示者。

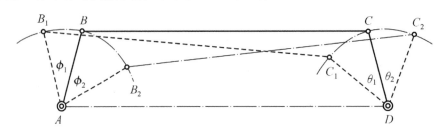

圖 5.7-6　開放型非平行等曲柄機構

若曲柄 DC 逆時針向轉動 θ_1 之角，則曲柄隨 AB 之轉動 ϕ_1 之角，且 $\phi_1 < \theta_1$。又若曲柄 DC 順時針轉動 θ_2 之角，則曲柄隨 AB 之轉動 ϕ_2 角且 $\phi_2 > \theta_2$。此項不等轉角之原理，通常用於汽車前輪之"轉向"(steering)機構。現在首先說明汽車轉時前輪最為理想之位置如圖 5.7-7 所示。兩個前輪平面之法線相交於 Q 點且與兩個後輪平面之法線相交於 Q 點且與兩個後輪平面之法線相交於同點，如此汽車中任一點將以點為軸心線迴轉，故輪胎可作純滾動而避免產生滑行。故通常汽車前輪之轉向機構使用如圖 5.7-8 所示之相等曲柄裝置，若將汽車方向盤之動作傳至曲柄 AB 與 DC，可使右轉時右輪之角位移為大而左輪之角位移為小，若作左轉則情形恰巧相反。雖並非完全符合理想之轉向條件者，但若連桿比例恰當，可使車輪在地面滑行之現象作相當程度之減低。

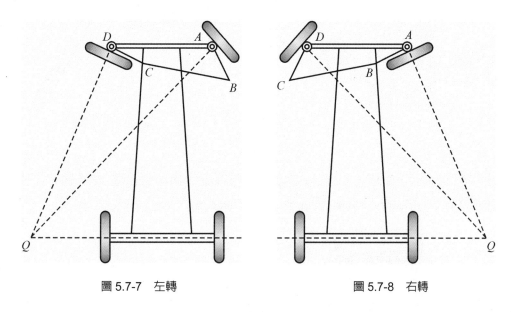

圖 5.7-7　左轉　　　　　　　　　　圖 5.7-8　右轉

5.8 導路固定之曲柄滑塊機構

導路固定之曲柄滑塊機構可分成兩種：

1. 若連桿比曲柄短，如圖 5.8-1 之(a)手壓抽水機及(b)罐頭壓扁機之機構稱為滑槽連桿組 (sliding slot linkage)。

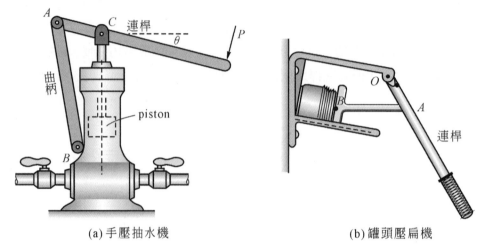

(a) 手壓抽水機 (b) 罐頭壓扁機

圖 5.8-1

2. 若連桿比曲柄長，如圖 5.8-2 之(a)活塞式發動機及(b)罐頭壓扁機之機構稱為往復滑塊 曲柄機構(reciprocating block slider crank mechanism)。

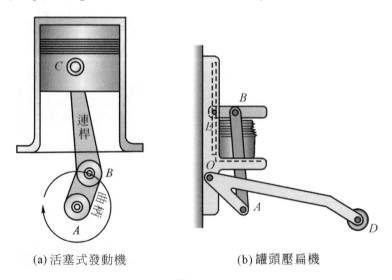

(a) 活塞式發動機 (b) 罐頭壓扁機

圖 5.8-2

圖 5.8-3 中，常用之往復滑塊曲柄機構，其中之連桿具有限之長度 L，故滑件之運動並非簡諧運動。其位移值可分析如下：

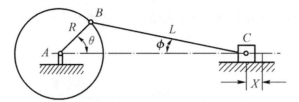

圖 5.8-3　往復滑塊曲柄機構

自上圖中，以滑件之最右位置爲原點而位移 X 及正向，得

$$X = R + L - R\cos\theta - L\cos\phi$$
$$= R(1 - \cos\theta) + L(1 - \cos\phi)$$
$$= R(1 - \cos\theta) + L\left[1 - \sqrt{1 - \sin^2\phi}\right]$$
$$= R(1 - \cos\theta) + L\left[1 - \sqrt{1 - \left(\frac{R}{L}\right)^2 \sin^2\theta}\right]$$

故　　　$$X = R(1 - \cos\omega t) + L\left[1 - \sqrt{1 - \left(\frac{R}{L}\right)^2 \cdot (\sin\omega t)^2}\right]$$

採泰勒二項式定理，將高階省略不計(因 $\sin\phi < 1$)得

$$X \simeq R(1 - \cos\omega t) + \frac{R^2}{2L}\sin^2\omega t$$

則　　　$$V = \frac{dX}{dt} \simeq R\omega\left[\sin\omega t + \left(\frac{R}{2L}\right)\sin 2\omega t\right]$$
$$A = \frac{dV}{dt} \simeq R\omega^2\left[\cos\omega t + \left(\frac{R}{L}\right)\cos 2\omega t\right]$$

若連桿長度 L 爲無窮長時，則

$$X = R(1 - \cos\omega t)$$
$$V = R\omega\sin\omega t$$
$$A = R\omega^2\cos\omega t$$

所得之運動即爲簡諧運動。

範例 5-3　普通的往復式機械的組態爲如圖 5.8-4 所示的滑動曲柄機構，如果曲柄 OB 以 1500 rev/min 的轉速，順時鐘方向旋轉，決定在 $\theta = 60°$ 位置時，連桿的角速度。

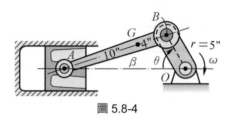

圖 5.8-4

解　曲柄軸連接銷 B 的速度爲 AB 上一點速度，且可被輕易求出，因此以 B 點爲參考點，再據以求出 A 點的速度，相對速度方程式在本範例中可寫成

$$V_A = V_B + V_{A/B}$$

曲柄軸連接銷速度爲

$$[V = r\omega] \text{，} V_B = \frac{5}{12}\frac{1500(2\pi)}{60} = 65.4 \text{ ft/sec}$$

其方向垂直於 OB，V_A 的方向也自然應爲沿著水平缸軸的方向，如前節所述，$V_{A/B}$ 的方向必須垂直於線 AB，如圖 5.8-5 所示，其中參考點 B 爲固定點，經由計算 β 角之正弦定律可得

$$\frac{5}{\sin\beta} = \frac{14}{\sin 60°} \text{，} \beta = \sin^{-1}0.309 = 18.02°$$

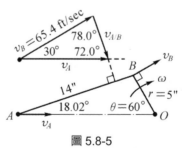

圖 5.8-5

以速度向量三角形完成計算。$V_{A/B}$ 間 V_A 夾角= 90° − 18.02° = 72.0°，第三角= 180° − 30° − 72.0° = 78.0°，向量 V_B 與 $V_{A/B}$ 頭尾相連，加成後成爲兩者的向量和 V_A，其大小可用三角幾何原理求得，或直接由向量三角形圖中依比例量測出，用正弦定律求出 V_A 與 $V_{A/B}$ 的算式爲

$$\frac{V_A}{\sin 78.0°} = \frac{65.4}{\sin 72.0°} \text{，} V_A = 67.3 \text{ ft/sec}$$

$$\frac{V_{A/B}}{\sin 30°} = \frac{65.4}{\sin 72.0°} \text{，} V_{A/B} = 34.4 \text{ ft/sec}$$

AB 的角速度爲逆時鐘轉向，以 $V_{A/B}$ 表示，爲

$$[\omega = V/r] \quad \omega_{AB} = \frac{V_{A/B}}{AB} = \frac{34.4}{14/12} = 29.5 \text{ rad/sec}$$

5.9　導路不固定之曲柄滑塊機構

導路不固定之曲柄滑塊機構亦可分成兩種：

1. 若機架比曲柄短，如圖 5.9-1 所示，稱爲迴轉塊連桿組(Rotating guide rod mechanism) 導路繞固定軸 A 而轉動，此種機構常用迴轉式泵(Rotary pump)如圖 5.9-2 所示，及鉋床之急回機構，如圖 5.9-3 所示爲之急回機構稱爲惠氏急回機構(Whitworth quick-return mechanism)。

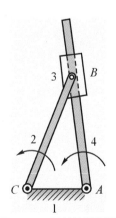

圖 5.9-1　迴轉塊連桿組

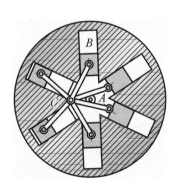

圖 5.9-2　迴轉式泵

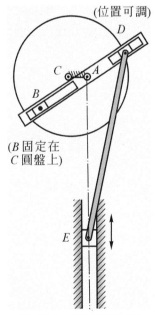

圖 5.9-3　惠氏急回機構

2. 若機架比曲柄長，如圖 5.9-4 所示，稱為擺動滑塊機構(Oscillating guide-rod mechanism)，此機構之導桿只能左右擺動，常用於牛頭刨床(Shaper)之速歸運動，亦稱為急回運動(Quick-return motion)如圖 5.9-5 曲柄銷的回轉過程中，刀具回程無切削作用，所以可快速回程，故切削行程較長而回程較短，所需時間比例一般約為 3：2，即切削行程佔 $\frac{3}{5}$、回程為 $\frac{2}{5}$ 之時間，根據公式

$$\frac{切削行程所需之時間}{回程行程所需之時間} = \frac{\phi}{\beta} \doteqdot \frac{3}{2}$$

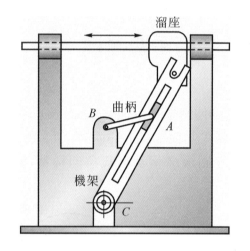

圖 5.9-4　牛頭刨床速歸機構

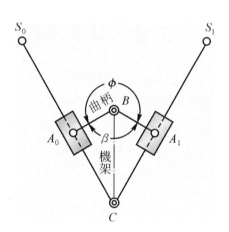

圖 5.9-5　擺動滑塊機構

5.10　機件之變形

同一機構之機件，可因應用之不同而作不同之變形，如曲柄滑塊機構，如圖 5.10-1 所示。

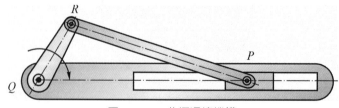

圖 5.10-1　曲柄滑塊機構

1. 曲柄之變形成如圖 5.10-2 所示(用於短衝程泵浦)。

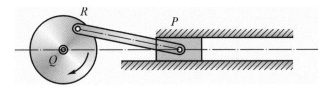

圖 5.10-2 短衝程泵浦

2. 曲柄活動銷之變形如圖 5.10-3 所示(用於蒸汽機汽瓣)。

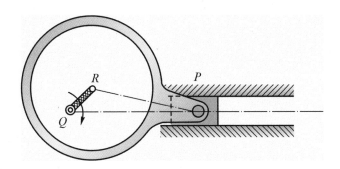

圖 5.10-3 蒸汽機汽瓣

3. 曲柄銷另一變形如圖 5.10-4 所示(用於小型泵浦機構)。

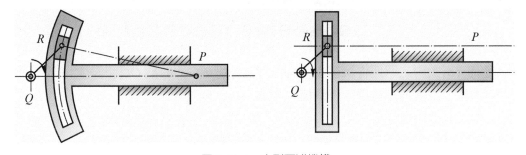

圖 5.10-4 小型泵浦機構

4. 滑塊之變形如圖 5.10-5 所示(用於衝床機構)。

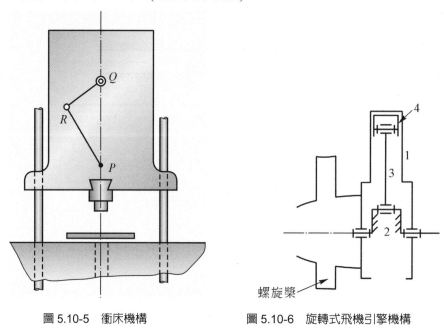

圖 5.10-5 衝床機構　　　　圖 5.10-6 旋轉式飛機引擎機構

5. 旋轉式引擎機構如圖 5.10-6 所示。

5.11 等腰連桿機構 (isosceles mechanism)

在含有一滑動對之四連桿機構中，將使桿之長度 BC 與曲柄 OC 之長度相等，則得一等腰連桿機構，亦有稱為等邊連桿機構，如圖 5.11-1 所示。

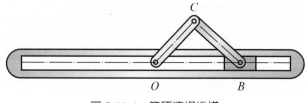

圖 5.11-1 等腰連桿機構

不論曲柄 OC 所處之位置，$\triangle OBC$ 恆成一等腰三角形，故依此而命名，曲柄 OC 迴轉一周，滑件 B 之行程為曲柄長度之四倍，成為此種等腰連桿組之特點，因滑件 B 行至行程之終點 O 時，處於死點位置，故無法產生確定行動，故在實際應用上，乃將機構變形為雙滑塊機構。

5.12　雙滑塊機構 (double slider mechanism)

如圖 5.12-1 中，滑塊 A 垂直滑動，而滑塊 B 作水平滑動，而兩滑槽互相垂直，此機構為等腰連桿機構之變形，稱為雙滑塊機構。

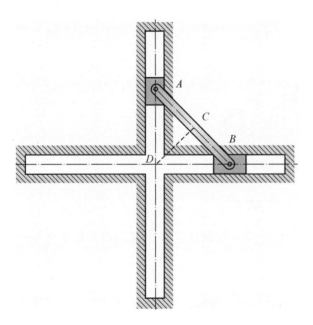

圖 5.12-1　雙滑塊機構

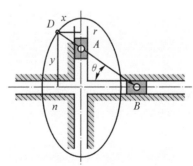

圖 5.12-2　橢圓機構

雙滑塊機構的應用：

1. **橢圓梁規**(the elliptic trammel)：

   橢圓機構是用於工程設計中，畫橢圓的工具，如圖 5.12-2 所示。

   令半長軸 $DB = b$，半短軸 $DA = a$，$Dn = y$，$Dr = x$

   則有　　$Dn = y = b\sin\theta$

   　　　　$Dr = x = a\cos\theta$

   故得　　$\dfrac{x^2}{a^2} + \dfrac{y^2}{b^2} = \cos^2\theta + \sin^2\theta = 1$

   即為吾人所熟悉之橢圓公式。故將橢圓規放置紙上，D 點相當於筆尖，即可移動筆尖而繪出一橢圓。若將 A 與 B 之長度加以調整，則 D 點可以繪出不同大小之橢圓。若 D 點定在 A 與 B 之中點，則其動路為一圓。

2. **歐丹聯軸器**(Oldham coupling)：

   在圖 5.12-3 中，若將連桿固定，使兩滑漕分別以 A 點及 B 點為旋轉中心，而兩滑槽所轉動的角度恆相等，且恆保持互相垂直，其中一滑槽迴轉，另一滑槽即以相等之角速度迴轉。

圖 5.12-3　歐丹聯軸器

此聯軸器可將兩個平行之軸線聯結在一起，而使一根軸線之等角速迴轉運動傳送至另一軸線使其產生同一等角速度運動，如圖 5.12-3 所示。也可改成如圖 5.12-4 所示。

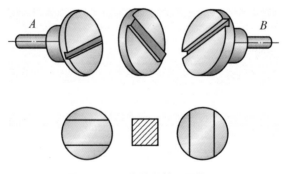

圖 5.12-4　歐丹聯軸器零件圖

3. **製橢圓用夾頭**(Elliptic chuck)：

    "製橢圓用夾頭"係用車床之軸心轉動一滑件如圖 5.12-4 中之 A 者，另有固定之軸心裝有可旋轉之滑件如 B 者，此二滑件嵌裝於附有十字形滑槽之腹板內。若將工作件裝上腹板，將車刀固定裝於 D 點位置，即由於車床軸心之旋轉，導致工作件之旋轉，而使工作件車成如圖所示之橢圓形。若將車刀置於 A、B 連線上之任何一個位置，工件將可被車成各種不同大小之橢圓形。

5.13　肘節機構 (the toggle mechanism)

如圖 5.13-1 所示，當滑塊 C 向右運動時，可以使小力 P 產生巨大的力量 Q，此種機構謂之肘節機構，根據轉矩公式

$$F(Ax) = P(Ay)$$

但 $Q = F\cos\alpha$，$F = \dfrac{Q}{\cos\alpha}$ 代入上式得

$$\frac{Q}{P} = \frac{Ay}{Ax}\cos\alpha$$

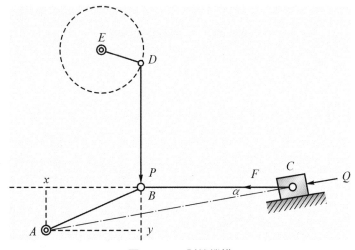

圖 5.13-1　肘節機構

　　因 α 角很小，故 $\cos\alpha \simeq 1$，而 $Ay > Ax$，因得 $Q > P$，即用小力 P，可以獲得較大的力量 Q，圖 5.13-2 為肘節鉗，此種機構用於肘節壓床，如圖 5.13-3 所示；圖 5.13-4 為八連桿肘節機構。

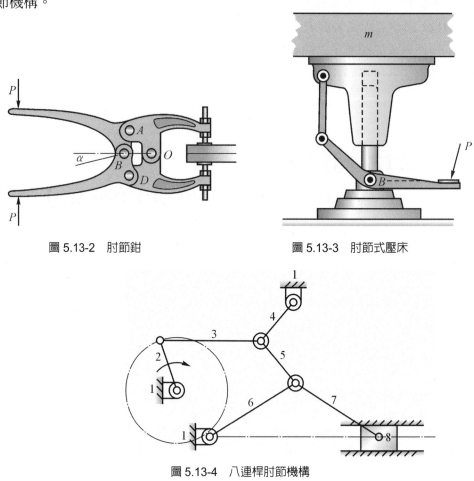

圖 5.13-2　肘節鉗　　　　　　　圖 5.13-3　肘節式壓床

圖 5.13-4　八連桿肘節機構

範例 5-4　試求圖 5.13-5 所示肘節連桿機構中，Q 和 F 兩力之關係。【普考】

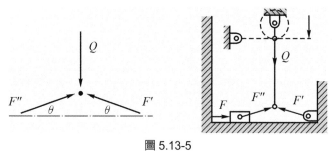

圖 5.13-5

解　由力學上知 $F' = F''$

$$Q = F'\sin\theta + F''\sin\theta = 2F'\sin\theta$$

又　$F = F'\cos\theta \Rightarrow F' = \dfrac{F}{\cos\theta}$

∴　$Q = 2F\dfrac{\sin\theta}{\cos\theta} = 2F\tan\theta$

$$\dfrac{Q}{F} = 2\tan\theta$$

 ## 5.14　直線運動機構

　　所謂直線運動者，係指機構中，其中一連桿上的某點，不直接藉由直線導路的約束，而能做直線運動者，其中此動點又稱為畫點(describing point)，這個畫點的動路有時是正確的直線運動，有時只是近似的直線運動。

1. **皮氏(Peaucellier)直線運動機構：**

   如圖 5.14-1 所示，稱為皮氏直線運動機。由七個運動件與一個固定連件組成，各桿件長度之關係為 $L_1 = L_4$，$L_2 = L_3$，$L_5 = L_6 = L_7 = L_8$，D 為畫點。

   此種機構之優點為能得到正確的直線運動，但因所用連桿數較多，所以實際之應用並不廣泛。

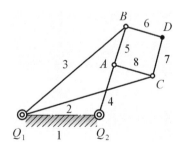

圖 5.14-1　皮氏直線運動機構

2. **司羅氏(Scott Russel)直線運動機構：**

如圖 5.14-2 所示，此機構可視為等腰連桿組的應用，當 AB 桿繞 A 軸擺動時，滑塊 C 在導槽內作反復直線運動，畫點 P 沿垂直槽之直線運動。

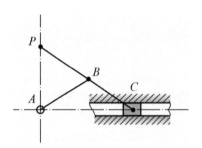

圖 5.14-2　司羅氏直線運動機構

3. **蚱蜢機構(Grasshopper motion mechanism)：**

如圖 5.14-3 所示，此機構為司羅氏機構之另一種修正型，各桿件長度之關係為 $AB = BC = BP$，曲柄 AB 擺動的角度為 2θ，此機構中若搖桿 CD 愈長，則 C 點之動路就愈近似於司羅氏機構中之滑動 C，則畫點 P 之動路就愈近似直線運動。

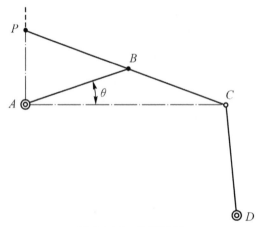

圖 5.14-3　蚱蜢機構

4. **捷氏直線運動機構**(Tchebicheff's straight line motion mechanism)：

如圖 5.14-4 所示，又稱為蔡氏直線運動機構。其各桿件長度之關係為：$AB = DC$，$CB = \left(\dfrac{2}{5}\right)AB$，$AD = \left(\dfrac{4}{5}\right)AB$，則畫點 P 點之軌跡為圖中 P_1、P、P_2 之近似直線運動。

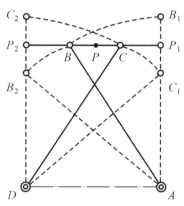

圖 5.14-4　捷氏直線運動機構

5. **饒氏直線運動機構**(Robert's straight line motion mechanism)：

如圖 5.14-5 所示，為饒氏直線運動機構，亦稱為 W 形直線運動機構。其各桿件長度之關係為：$AB = BP = PC = CD$ 且 $BC = \left(\dfrac{1}{2}\right)AD$，則畫點 P 點即沿 AD 直線作近似直線之運動。

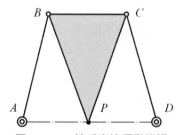

圖 5.14-5　饒氏直線運動機構

*5.15　球面四連桿機構與萬向接頭 (universal joint)

1.　球面四連桿機構：

如圖 5.15-1 所示，連桿 *AB*、*BC*、*CD*、*DA* 可以互相活動，但四個活動軸的延長線並不是平行的，共同相交於一點。相當於一個球的球心，球心就是 *O* 點，如 *AB* 與 *CD* 兩個球面連桿間組成迴轉對其中心軸線通過球心 *O*，故可以用四個球面連桿構成一個球面四連桿機構，而其在應用上即為萬向接頭，如圖 5.15-2(a)。

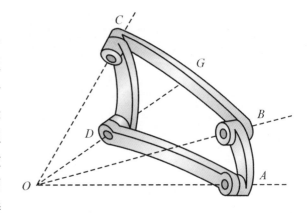

圖 5.15-1　球面四連桿機構

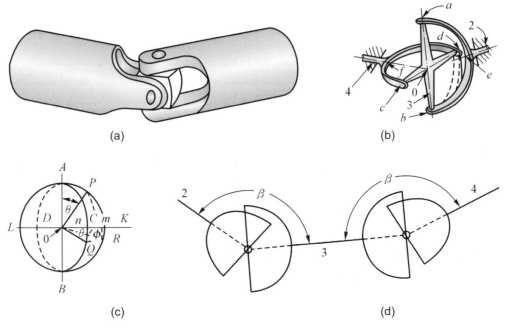

(a) (b) (c) (d)

圖 5.15-2　萬向接頭

2. **萬向接頭**(universal joint)：

如圖 5.15-2 所示，爲利用球面四連桿組成的機構，又稱十字接頭(hook's joint)。其中包括兩根圓弧形叉 2 及 4，由十字連桿 3 之四個端點所組成鉸接。此項機構中之圓弧形叉若只取一半，而十字連桿由半圓弧連桿所取代，則構成同義運動機構如圖 5.15-2(b) 所示，即代表一個球面四個連桿機構，其四個迴轉對交於 O 點。原動件 2 與從動件 4 以同一時間迴轉一週，但迴轉過程中二者之速率比並非常數，以下將說明運動時任何相位中原動件與從動件之相對關係。

現用垂直於軸線 2 之平面，作爲分析投影運動之依據，如圖 5.15-2(b)(c)中所示，則 a 與 b 點之動路爲圓 $AKBL$。而 c 與 d 之實際動路亦爲一圓，但投影成橢圓 $ACBD$，若軸線 2 與 4 之圓心夾角爲 β，則有

$$OC = OD = OK \cos\beta = OA \cos\beta$$

若原動件叉端在 A，則從動件叉端在 C。若原動件叉端自 A 轉動角移至 P，則從動件之叉端自 C 移至 Q。由於 OQ 垂直 OP，故 $\angle COQ$ 之投影亦爲 θ，但其實際角則爲 ϕ 且有

$$\tan\phi = \frac{Rm}{Om}$$

而　　　$$\tan\theta = \frac{Qn}{On}$$

由於　　$$Qn = Rm$$

而得　　$$\frac{\tan\theta}{\tan\phi} = \frac{Om}{On} = \frac{OK}{OC} = \frac{1}{\cos\beta}$$

故有　　$$\tan\phi = \cos\beta \tan\theta \quad\text{..(1)}$$

由上式可說明原動軸兩軸的相對角運動關係。

由(1)式知　$$\tan\theta = \frac{\tan\phi}{\cos\beta} \Rightarrow \theta = \tan^{-1}\left(\frac{\tan\phi}{\cos\beta}\right)$$

則　　$$\phi - \theta = \phi - \tan^{-1}\left(\frac{\tan\phi}{\cos\beta}\right) = f(\theta)$$

$$f'(\theta) = \frac{\cos^2\beta \cos^2\phi + \sin^2\phi - \cos\beta}{\cos^2\beta \cos^2\phi + \sin^2\phi}$$

當 $f'(\theta) = 0$，則 $\phi - \theta$ 有極大值

即　$\cos^2\beta\cos^2\phi + \sin^2\phi - \cos\beta = 0$

$$\Rightarrow \frac{1-\cos^2\phi\sin^2\beta}{\cos\beta} = 1\text{時}\ \phi - \theta\ \text{有極大值}$$

而從動件之角速 $\omega_4 = \dfrac{d\phi}{dt}$ 與原動件角速 $\omega_2 = \dfrac{d\theta}{dt}$ 之比值為

$$\frac{\omega_4}{\omega_2} = \frac{d\phi}{d\theta} = \frac{\cos\beta\sec^2\theta}{\sec^2\phi} = \frac{\cos\beta\sec^2\theta}{1+\tan^2\phi}$$

再用(1)式代入得

$$\frac{\omega_4}{\omega_2} = \frac{1-\cos^2\phi\sin^2\beta}{\cos\beta} = \frac{d\phi}{d\theta}$$

(1)　當 $\dfrac{d\phi}{d\theta} = 1$ 時 $\phi - \theta$ 有極大值

$$\frac{d\phi}{d\theta} = \frac{\cos\beta(1+\tan^2\theta)}{1+\tan^2\phi} = 1$$

$$1 + \tan^2\phi = (1 + \tan^2\theta)\cos\beta$$

將 $\tan\theta = \dfrac{\tan\phi}{\cos\beta}$ 代入

得　$1 + \tan^2\phi = \cos\beta\left(1 + \dfrac{\tan^2\phi}{\cos^2\beta}\right) \Rightarrow \tan\phi = \pm\sqrt{\cos\beta}$

(2)　當 $\phi = 0°$ 或 $180°$ 時

$$\frac{d\phi}{d\theta} = \cos\beta < 1\ \text{因}\ \beta\ \text{為銳角}$$

(3)　當 $\phi = 90°$ 或 $270°$ 時

$$\frac{d\phi}{d\theta} = \frac{1}{\cos\beta} > 1\ \text{即每一迴轉中變化，兩軸有四點等速即}\ \frac{d\phi}{d\theta} = 1，\text{此時}\ \phi - \theta\ \text{有極大}$$

值。

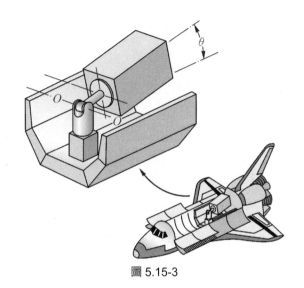

圖 5.15-3

　　有一萬向接頭座台支撐一個太空梭使用的"有效載重"，於太空梭運貨艙門在太空軌道上打開時，把貨物部署置放在預定的軌道上。有效載重以矩形體模式化來生產製造，質量為 6000 kg，萬向接頭軸 $O-O$ 的承載扭矩為 30 N-m，由直流馬達來提供，太空梭處於"無重力"軌道情形。

- -

範例 5-5　如圖 5.15-4 所示的萬向接頭，T 和 S 的軸及曲柄 2 位在紙平面上，角 $\beta = 30°$
軸 T 以等速度旋轉，令 ϕ 為軸 T 在一個時間間隔所轉動的角度，θ 為軸 S
所轉動的相對角度：

(1)計算一個角 ϕ 值使 $\phi - \theta$ 為極大值。

(2)由(1)所得 ϕ 值求出 θ 之值。

(3)用同樣的 θ 值，如果軸 T 的角速度為 1 rad/sec 時計算軸 S 的角速度。

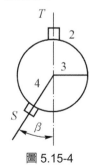

圖 5.15-4

解 已知 $\beta = 30°$

(1) 當 $\tan\phi = \pm\sqrt{\cos\beta}$ 時，$\phi - \theta$ 有極大值

取 $\tan\phi = \sqrt{\cos\beta} = \sqrt{\cos 30°} = \sqrt{0.866} = 0.93$

$\phi = 43°$

(2) $\tan\theta = \dfrac{\tan\phi}{\cos\beta}$

$\therefore \tan\theta = \dfrac{0.93}{0.866} = 1.07$

$\therefore \phi = 47°$

(3) 當 $\dfrac{d\phi}{d\theta} = 1$，$\phi - \theta$ 有極大值

即 $\omega_S = \omega_T = 1$ rad/sec

欲使 T 軸角速相等，但兩軸平行而不在同一直線時，則應使用雙萬向接頭。如圖 5.15-5 所示。

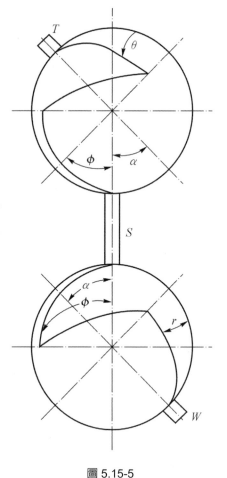

因 $\tan\theta = \dfrac{\tan\phi}{\cos\beta} \Rightarrow \tan\phi = \tan\theta\cos\beta$

$\tan\theta = \dfrac{\tan r}{\cos\beta} \Rightarrow \tan r = \tan\theta\cos\beta$

將上式微分

$\Rightarrow \dfrac{d\theta}{d\phi} = \dfrac{\sec^2\phi}{\sec^2\theta\cos\beta}$

$\dfrac{dr}{d\theta} = \dfrac{\sec^2\theta\cos\beta}{\sec^2 r}$

兩式相乘得

圖 5.15-5

$\dfrac{d\theta \times dr}{d\phi \times d\theta} = \dfrac{\sec^2\phi}{\sec^2\theta\cos\beta} \times \dfrac{\sec^2\theta\cos\beta}{\sec^2 r} = \dfrac{\sec^2\phi}{\sec^2 r} = \dfrac{1+\tan^2\phi}{1+\tan^2 r}$

$\dfrac{dr}{d\phi} = \dfrac{1+\cos^2\beta\tan^2\theta}{1+\cos^2\beta\tan^2\theta} = 1$

因 $\dfrac{dr}{dt} = W$ 軸角速，$\dfrac{d\theta}{dt} = T$ 軸角速，所以 T 軸與 W 軸角速相等，此在汽車傳動軸常用之。

5.16 平面機構合成法

運動鏈：由連桿與接頭組合而成且連桿與連桿間可做相對運動的封閉連桿組。

範例 5-6 圖 5.16-1 為八桿十接頭運動鏈

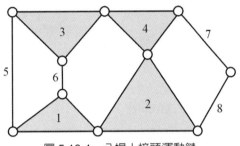

圖 5.16-1 八桿十接頭運動鏈

平面運動鏈：連桿皆做平面運動。

範例 5-7 圖 5.16-2 為平面運動鏈

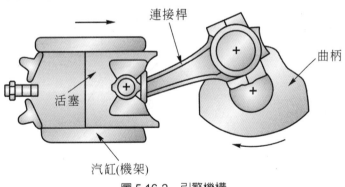

圖 5.16-2 引擎機構

空間運動鏈：有連桿做非平面運動。

範例 5-8 圖 5.16-3 為空間運動鏈

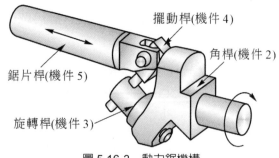

圖 5.16-3 動力鋸機構

自由度(DOF)之 Grubler 判別式

$$DOF = 3(N-1) - 2J$$

其中 N 為連桿數，J 為低對數。

範例 5-9 求圖 5.16-4 機構之自由度

$$F = 3(N-1) - 2J = 3(8-1) - 2(9+1) = 1$$

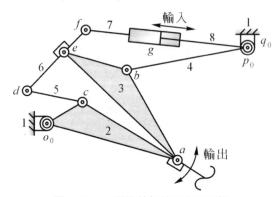

圖 5.16-4 飛機前起落架收放機構

空間運動鏈：有連桿做非平面運動。

範例 5-10

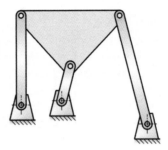

E 形五連桿構架 DOF=0
符合格魯勃勒方程式

圖 5.16-5

例外(矛盾機構 1)

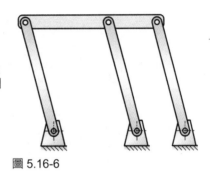

E 形五連桿構架 DOF=1
與格魯勃勒方程式預測
DOF=0不符

圖 5.16-6

例外(矛盾機構 2)

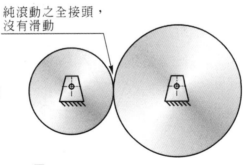

純滾動之全接頭，
沒有滑動

滾動圓柱體 DOF=1，
與格魯勃勒方程式預測
DOF=0不符

圖 5.16-7

連桿組轉換：藉由連桿組轉換機構中的非迴轉對接頭皆可以轉換
成迴轉對而得到一個僅含迴轉對的運動鏈。

範例 5-11

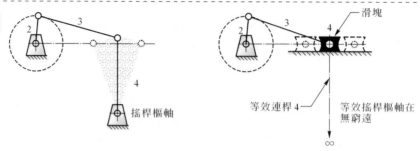

圖 5.16-8　曲柄搖桿機構轉變成滑塊曲柄機構

基本運動鏈：若一運動鏈不含有任何呆鏈，如圖 5.16-9 所示。

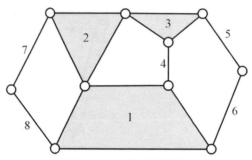

圖 5.16-9　基本運動鏈

退化運動鏈：若一運動鏈含有任何子呆鏈，1、2、3、4、5 桿爲呆鏈，如圖 5.16-10 所示。

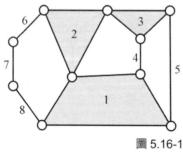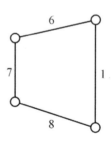

圖 5.16-10

範例 5-12

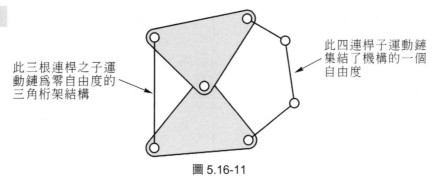

圖 5.16-11

運動圖畫：將圖 5.16-12 運動鏈內的連桿轉換成實心黑點，並將接頭轉換成邊如圖 5.16-13。

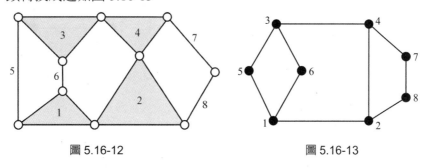

圖 5.16-12　　　　　　　　　　圖 5.16-13

縮圖：將運動圖畫內的每一個二度點凝縮至其鄰接的多度點內，則可得到一個由三度或三度以上之點所構成的圖畫，如圖 5.16-14 變成圖 5.16-15。

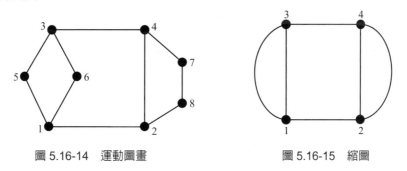

圖 5.16-14　運動圖畫　　　　　　圖 5.16-15　縮圖

將二度點自縮圖內的多度點析出，可得不同的運動圖畫。

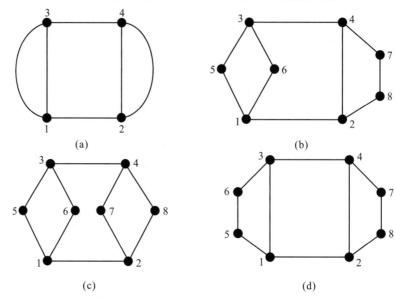

圖 5.16-16　同一縮圖(a)可得不同之運動圖畫(b)(c)(d)

平面機構合成設計法

運動鏈之數目合成程序

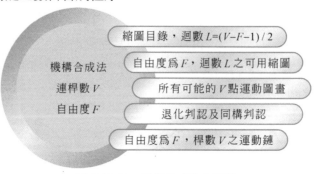

圖 5.16-17　機構合成法之步驟

範例 5-13　六桿、自由度為一之運動鏈

1.　可用縮圖目錄，迴數 $L = (V-F-1)/2$

　　　$V = 6$，$F = 1$

　　獨立迴數 $L = (V-F-1)/2 = (6-1-1)/2 = 2$

　　獨立迴數 $L = 2$ 之可用縮圖目錄

表 5.16-1　$L=2$ 之可用縮圖

$L = 2$		
$F >= 1$		
$F >= 2$		
$F >= 3$		
$F >= 4$		
$F >= 5$		

2.　獨立迴數 $L=2$，$F=1$ 之可用縮圖有二種，如圖 5.16-18。

 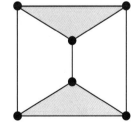

圖 5.16-18

3.　所有可能的 V 點運動圖畫，如圖 5.16-19。

圖 5.16-19

縮圖之點數 V_c=4

縮圖之邊數 E_c=3

可加入之二度點個數 V_2=6－4=2

二度點畫分之元素最大值≦F＋1=2

共有兩種分法(1，1，0)，(2，0，0)

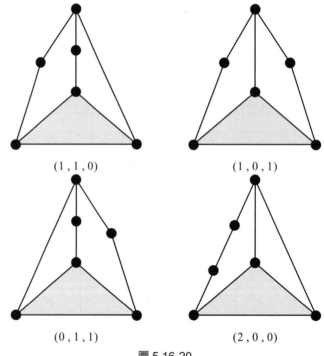

(1，1，0)　　　　　　　(1，0，1)

(0，1，1)　　　　　　　(2，0，0)

圖 5.16-20

縮圖之點數 V_c=6

縮圖之邊數 E_c=3

可加入之二度點個數 V_2=6－6=0

二度點畫分之元素最大值≦F+1=2

只有一種分法(0，0，0)

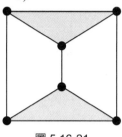

圖 5.16-21

4.　退化判認，如圖 5.16-22 為退化運動圖畫。

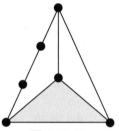

圖 5.16-22

5.　同構判認：(1，1，0)，(1，0，1)及(0，1，1)為同構，故只留一個。

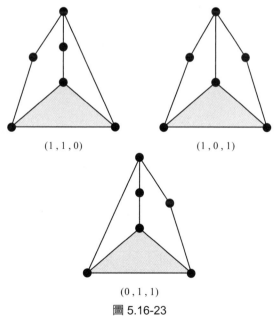

(1，1，0)　　　　　　(1，0，1)

(0，1，1)

圖 5.16-23

6. 自由度為 F=1，桿數 V=6 之運動圖畫。

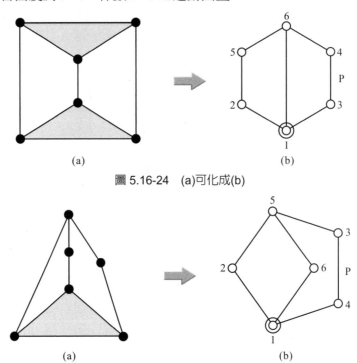

圖 5.16-24 (a)可化成(b)

圖 5.16-25 (a)可化成(b)

7. 自由度為 $F=1$，桿數 $V=6$ 之運動鏈，共有二種即史蒂文生六連桿組及瓦特六連桿組。

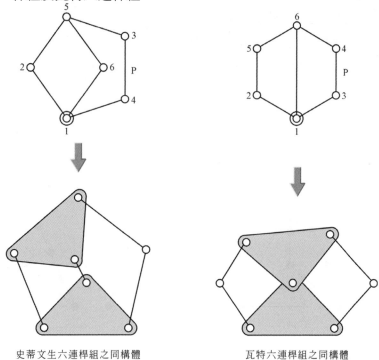

史蒂文生六連桿組之同構體　　　　　瓦特六連桿組之同構體

圖 5.16-26

範例 5-14 七桿、自由度為二之運動鏈

$N=7$，$F=2$

獨立迴數 $L=(V-F-1)/2=(6-1-1)/2=2$

獨立迴數 $L=2$、$F=2$ 之可用縮圖，共有下列四種：

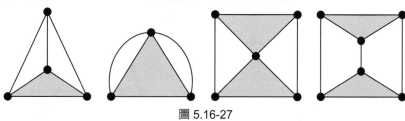

圖 5.16-27

縮圖之點數 $V_c=4$

縮圖之邊數 $E_c=3$

可加入之二度點個數 $V_2=7-4=3$

二度點畫分之元素最大值 $\leqq F+1=3$

有三種分法 $(2,1,0)$，$(1,1,1)$，$(3,0,0)$

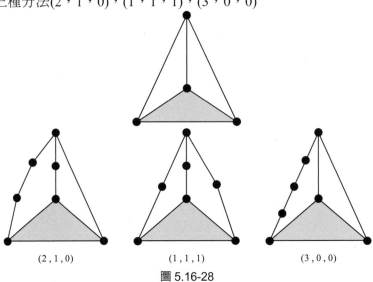

$(2,1,0)$　　　$(1,1,1)$　　　$(3,0,0)$

圖 5.16-28

縮圖之點數 $V_c=3$

縮圖之邊數 $E_c=2$

可加入之二度點個數 $V_2=7-3=4$

二度點畫分之元素最大值 $\leqq F+1=3$

只有一種分法 $(2,2)(3,1)$

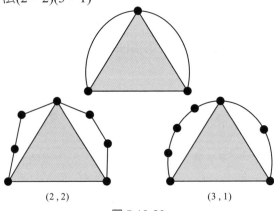

$(2,2)$　　　　$(3,1)$

圖 5.16-29

縮圖之點數 V_c=5

縮圖之邊數 E_c=2

可加入之二度點個數 V_2=7－5=2

二度點畫分之元素最大值≦F+1=3

有兩種分法(2，0)，(1，1)

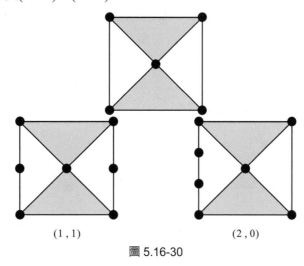

(1 , 1)　　　　　(2 , 0)

圖 5.16-30

縮圖之點數 V_c=6

縮圖之邊數 E_c=3

可加入之二度點個數 V_2=7－6=1

二度點畫分之元素最大值≦F+1=3

只有一種分法(1，0，0)

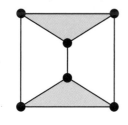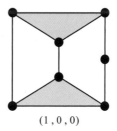

(1 , 0 , 0)

圖 5.16-31

退化判認：下列三圖皆判認為退化。

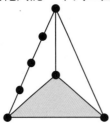 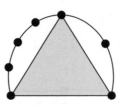 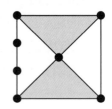

圖 5.16-32

自由度為 $F=2$，桿數 $V=7$ 之運動圖畫：

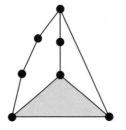 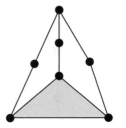

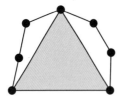 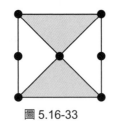 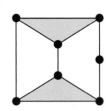

圖 5.16-33

第六章

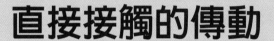

直接接觸的傳動

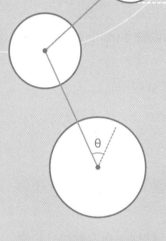

6.1 直接接觸傳動

　　當一個機構之主動件(driver)與從動件(follwer)之間不藉中間連接物，而直接接觸傳送動力或傳達運動，稱之為直接接觸傳動。而兩接觸必為點接觸、線接觸或面接觸。

　　其傳動方式有下列三種：

1. 純滾動接觸(pure rolling contact)，如摩擦輪(friction wheel)、滾動軸承(rolling bearing)、滾珠螺桿(ball screw)等。
2. 滑動接觸(sliding-contact)，如螺絲(screws)、凸輪(cams)、床台(beds)等。
3. 滑動中帶滾動，如齒輪(gears)。

6.2 滑動接觸與角速率之比

　　圖 6.2-1 中，機件 2 和機件 4 分別繞固定軸 Q_2 和 Q_4 旋轉，若機件 2 為主動件且角速率為 ω_2 順時針方向旋轉，而能帶動機件 4 作角速率 ω_4 的逆時針方向旋轉。

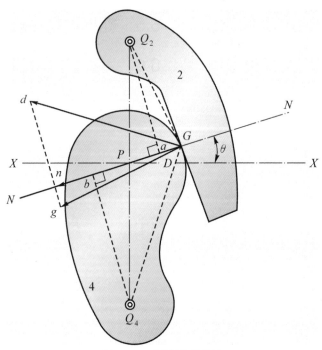

圖 6.2-1　滑動接觸曲線

　　圖中為兩機件接觸傳動時的某一瞬間，其接觸點分別為 G 與 D，作此接觸點的公法線 $N\text{-}N$，再作兩中心連線 $\overline{Q_2Q_4}$，得與 $N\text{-}N$ 的交點 P(即為節點)。過 P 點作 $\overline{Q_2Q_4}$ 的垂線 $X\text{-}X$，$X\text{-}X$ 與 $N\text{-}N$ 的夾角 θ (即為壓力角)，過 Q_2 作 $N\text{-}N$ 的垂線得交點 a，過 Q_4 作 $N\text{-}N$ 的垂線得交點 b。作 G 點的速度 $\overrightarrow{Gg}$，其方向垂直 $\overline{Q_2G}$；再作 D 點的速度 $\overrightarrow{Dd}$，其方向垂直 $\overline{Q_4D}$。再將 $\overrightarrow{Gg}$ 垂直投影在公法線 $N\text{-}N$ 上，得分量 $\overrightarrow{Gn}$，而 $\overrightarrow{Gg}$ 與 $\overrightarrow{Dd}$ 在公法線 $N\text{-}N$ 的分量必相等，故

$$\overline{Gn} = \overline{Dn}$$

因　　　　$\Delta Dnd \sim \Delta Q_4bD$，$\Delta Gng \sim \Delta Q_2aG$

所以　　　$\dfrac{\overline{Dd}}{\overline{Q_4D}} = \dfrac{\overline{Dn}}{\overline{Q_4b}}$ .... (1)

$$\dfrac{\overline{Gg}}{\overline{Q_2G}} = \dfrac{\overline{Gn}}{\overline{Q_2a}} \quad\text{.. (2)}$$

其中　　　$\dfrac{\overline{Dd}}{\overline{Q_4D}} = \omega_4$，$\dfrac{\overline{Gg}}{\overline{Q_2G}} = \omega_2$

$$\dfrac{(1)}{(2)} \Rightarrow \dfrac{\omega_4}{\omega_2} = \dfrac{\overline{Q_2a}}{\overline{Q_4b}} \text{ 且 } \overline{Gn} = \overline{Dn}$$

又因　　　$\Delta Q_2aP \sim \Delta Q_4bP$

所示　　　$\dfrac{\overline{Q_2a}}{\overline{Q_4b}} = \dfrac{\overline{Q_2P}}{\overline{Q_4P}}$

而得　　　$\dfrac{\omega_4}{\omega_2} = \dfrac{\overline{Q_2P}}{\overline{Q_4P}}$

　　即圍繞固定中心旋轉的兩剛體成滑動接觸時，其角速度比等於由接觸點所接觸的公法線將連心線所截成的兩段成反比。

6.3 節點、作用角與壓力角

節點(pitch point)：二物體接觸面公法線與連心線之交點稱為節點，如圖 6.3-1 所示之 P 點。

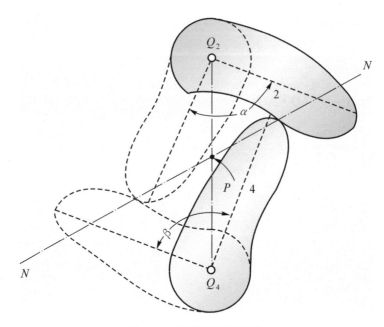

圖 6.3-1　直接接觸之節點

作用角(angle of action)：當主動件和從動件的接觸期間，主動件所轉過的角度稱之為主動件的作用角。如圖 6.3-1 中的 α 角。同時，從動件所轉過的角度，稱為從動件作用角，如圖 6.3-1 中的 β 角。其中實線圖是機件 2 與機件 4 開始接觸時的位置，而虛線則表機件 2 與機件 4 即將分開的時候，故此稱 α 為機件 2 的作用角，而稱 β 為機件 4 的作用角。

在等角速度比的運動中，主動件和從動件的作用角分別與其角速度成正比，即

$$\frac{\omega_2}{\omega_4} = \frac{\alpha}{\beta}$$

而於不等角速度比的運動中，作用角則和平均角速度成正比。

壓力角(pressure angle)：於圖 6.3-2 中，從 $\overline{Q_2Q_4}$ 線上的節點作垂直 $\overline{Q_2Q_4}$ 的直線 $X\text{-}X$ 與公法線 $N\text{-}N$ 所夾的角為 θ，此 θ 角稱為壓力角或傾斜角(angle of obliquity)。

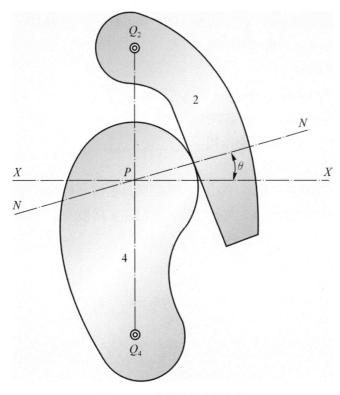

圖 6.3-2　直接接觸之壓力角

6.4 共軛曲線

滿足 $\dfrac{\omega_4}{\omega_2} = \dfrac{\overline{Q_2P}}{\overline{Q_4P}} =$ 常數，即角速比一定的兩滑動接觸曲線，稱之為共軛曲線(Conjugate curves)。如齒輪組，因其轉速比一定，故其所應用的擺線和漸開線齒形皆屬共軛曲線。

6.5 純粹滾動接觸

兩機件直接接觸傳達運動，若接觸點在同一連心線上，且接觸點上無相對速度發生，即不發生滑動，此稱之為純粹滾動接觸。

純粹滾動接觸的條件：

1. 接觸點必在兩機件的中心連線上。
2. 兩運動物體的接觸曲線(弧長)必須相等。
3. 兩物體在接觸點上的線速度必須相等。

純粹滾動接觸曲線的繪製：

圖 6.5-1 中，已知機件 2 以 Q_2 為中心，並逆時針迴轉，其外形曲線為 $G_0 \sim G_{10}$，求與此機件作純粹滾動接觸的機件 4 之外形曲線，又已知 α 為機件 2 所轉過的角度，求機件 4 所轉過的角度。

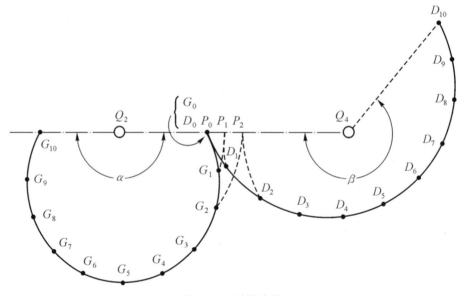

圖 6.5-1 純粹滾動

此題可利用前述的兩個條件繪製：①兩機件成滾動接觸點必須在連心線上。②兩機件在任何一時刻，其接觸過的曲線必須相等。

其作圖程序如下：

1. 將曲線 G_0G_{10} 分成 n 等分(若等分數愈多，則弦長更接近於弧長，而求出機件 4 曲線更準確)。
2. 以 Q_2 為圓心，$\overline{Q_2G_1}$ 為半徑，畫圓弧交連心線 $\overline{Q_2Q_4}$ 於 P_1 點。

3. 以 Q_4 為圓心通過 P_1 作圓弧，再以 P_0 為圓心，$\overline{G_0G_1}$ 為半徑畫弧和前弧相交於 D_1，則 D_1 即為欲求曲線(機件 4)上的一點。

4. 以 Q_2 為圓心，$\overline{Q_2G_2}$ 為半徑，畫圓弧交連心線 $\overline{Q_2Q_4}$ 於 P_2 點。

5. 以 Q_4 為圓心通過 P_2 作圓弧，再由 D_1 以 G_1G_2 弦長為半徑作弧和前弧相交於 D_2，則 D_2 即為欲求曲線(機件 4)上的第二點。

6. 同理，依上述的方法，重覆的繪製，便可求出 D_3、D_4、D_{10}……等點。再用曲線板可將 D_1、D_2、D_{10}……很圓滑地連接起來，就會得到機件 4 的曲線，同時 β 角也就得解了。

若機件 2 之外形曲線任意補足而成 360° 之封閉曲線，雖仍可用上述方法而求出機件 4 之外形曲線，但並不能保證能獲得封閉曲線。換句話說，欲得連續之傳動，機件 2 之外形並非可為任意選定之封閉曲線。

6.6　滑動接觸與滾動接觸之比較

表 6.6-1　滑動接觸與滾動接觸之比較

	滾動接觸	滑動接觸
1.	接觸點無相對速度	接觸點有相對速度
2.	能量損耗小，故效率高	能量損耗大，故效率低
3.	速比較為確定可靠	速比較不易確定
4.	中心連線方向，在運動時沒有分力	兩軸心有向外移趨勢，故較不固定，軸承選用要注意

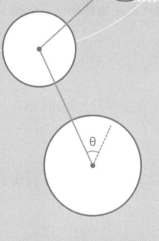

第七章

凸輪機構

7.1 凸輪機構

凸輪機構：凡具有曲線外形或槽之機件，藉其迴轉、滑行或搖擺運動，經直接接觸或間接傳動而使從動件產生預定之運動者，均可稱為凸輪機構。

凸輪機構通常選用具有特殊外形曲面(或內槽)之機件為主動件，此主動件即稱為凸輪(cam)，至於從動件之運動有往復式及搖擺式二種。

常用凸輪機構之種類概分為下列七種：

1. **平板形凸輪**：

   又稱輻射線形凸輪，周緣具有各種曲線，當其沿箭頭所示之方向迴轉時，如圖 7.1-1 所示，從動件 F 可得升降之往復運動。

2. **圓柱形凸輪**：

   圓柱之表面具有凹槽，從動件 F 部分納於其內，當其迴轉時，從動件 F 可得左右往復運動，如圖 7.1-2 所示。

3. **圓錐形凸輪**：

   圓錐體之表面具有凹槽，從動件 F 部分納於其內，當其迴轉時，從動件 F 可得左右往復斜向運動，如圖 7.1-3 所示。

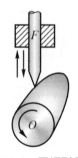

圖 7.1-1　平板形凸輪

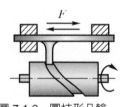

圖 7.1-2　圓柱形凸輪

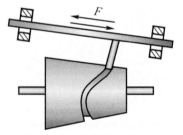

圖 7.1-3　圓錐形凸輪

4. **球形凸輪：**

於圓球表面上製成凹槽，從動件 F 部分納於其內，當其迴轉時，F 可得上下迴轉之運動，如圖 7.1-4 所示。

5. **斜板凸輪：**

於迴轉軸之頂部設一斜板，當其迴轉時，從動件 F 可得上下往復運動，如圖 7.1-5 所示。

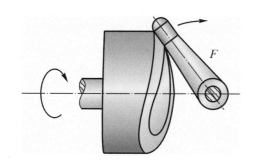

圖 7.1-4　球形凸輪

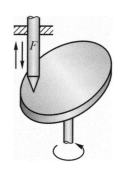

圖 7.1-5　斜板凸輪

6. **傳動凸輪：**

於平板 C 之一邊製成曲面，當主動件 C 左右移動時，從動件 F 可得升降之運動，如圖 7.1-6 所示。

7. **倒置凸輪：**

於 C 上製成曲線凹槽，D 之一端設一滑軸納於凹槽內另一端連接於轉軸 O，當 D 作左右擺動時，F 可得升降之運動，如圖 7.1-7 所示。

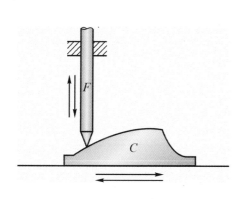

圖 7.1-6　傳動凸輪

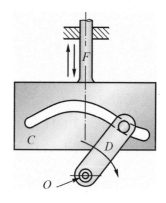

圖 7.1-7　倒置凸輪

8. **電子凸輪(ECAM)：**

電子凸輪功能與機械凸輪相似，將機械凸輪換成旋轉位置感應，讓電子凸輪的信號送控制器，再讓控制器驅動致動器，即可達到機械凸輪功能。採用電子凸輪可方便地更換凸輪曲線。

在水位處理方面，將電子凸輪的感應器（一般是旋變）上安裝一個浮標，將浮標置於水面上，浮標隨水面的變化而上下運動，帶動感應器一起上下運動。將目標水位設為凸輪的終止（OFF）角度，將最高水位設為凸輪的起始（ON）角度。水位感應器的信號送凸輪控制器控制馬達。當水位達到最高水位時，感應器將水位信息送給凸輪控制器，控制馬達驅動器拉閘瀉洪；當達到目標水位後，感應器將水位信息送給凸輪控制器，凸輪輸出信號翻轉，馬達使閘門關閉，水位穩定。電子凸輪可以應用在諸如機械製造、冶金、紡織、印刷、食品包裝、水利等各個領域。

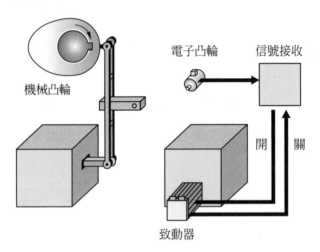

圖 7.1-8　電子凸輪(ECAM)

凸輪每從動部之接觸情形有下列四種：

(1) 點接觸如圖 7.1-9 所示。

(2) 線接觸如圖 7.1-10 所示。

(3) 滾動接觸如圖 7.1-11 所示。

(4) 滑動接觸如圖 7.1-12 所示。

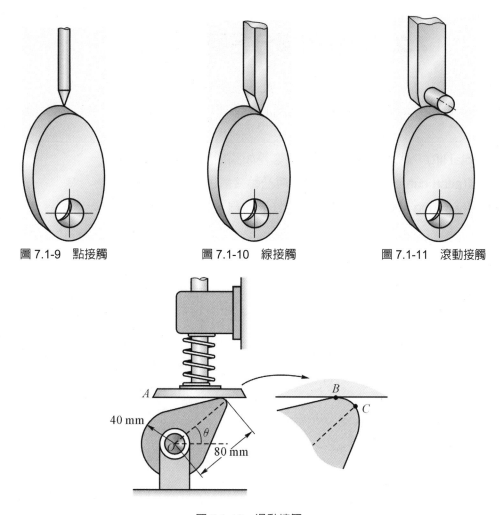

圖 7.1-9 點接觸　　　　圖 7.1-10 線接觸　　　　圖 7.1-11 滾動接觸

圖 7.1-12 滑動接觸

9. **凸輪之應用：**

凸輪機構可應用於機械加工的夾緊機構(圖 7.1-13)，亦可應用於引擎氣閥的開啟和關閉(圖 7.1-14)。

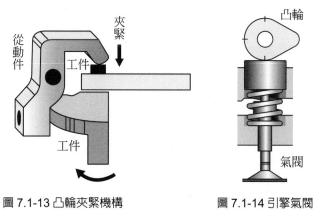

圖 7.1-13 凸輪夾緊機構　　　　圖 7.1-14 引擎氣閥

7.2 凸輪各部分名稱

凸輪各部之名稱可由圖 7.2-1 示之。此圖重要名詞說明於下：

基圓(base circle)：以凸輪旋轉中心為圓心，而與從動件尖端或滾子中心之最小距離為半徑。

總升距(total lift)：最大半徑與最小半徑之差如圖中的 $\overline{HG}$。

理論曲線(pitch curve)：設以滾子中心與凸輪接觸所畫出的凸輪外形。

工作曲線(working curve)：凸輪的實際外形曲線，亦稱凸輪輪廓。

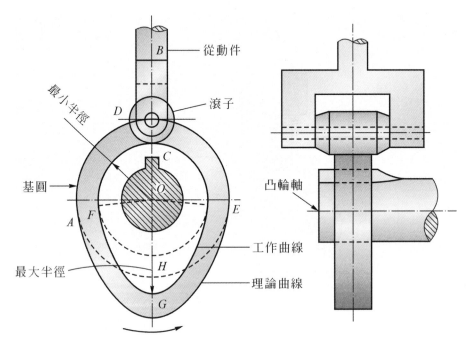

圖 7.2-1 凸輪各部分名稱

若凸輪逆時針方向旋轉時，從動件接觸到凸輪 E 點時開始上升，過 G 點後開始下降至接觸 F 點，而在接觸弧 ECF 時，從動件靜止不動，則：

∠EOF　稱為作用角

∠EOG　稱為升角

∠GOF　稱為降角

7.3 凸輪周緣及壓力角對側壓力與傳動速度的影響

1. 如圖 7.3-1(a)所示，公法線 *NN* 與從動件運動方向所形成的角度就是壓力角，若不考慮摩擦力的存在，將圖(a)畫成自由體圖(如圖(b)所示)來看。因此在設計凸輪時應使壓力角儘可能減少，如表 7.3-1 所示，大部分凸輪壓力角均小於 30°。

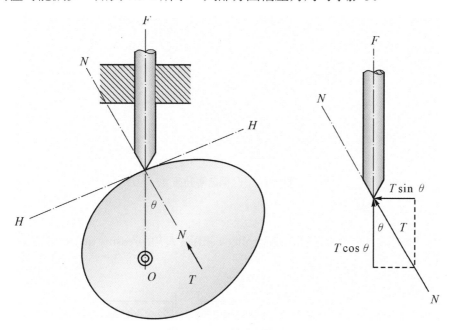

圖 7.3-1　凸輪之側壓力

表 7.3-1　壓力角與推升力及摩擦阻力之關係

	θ 大	θ 小
$T\sin\theta$ 從動件與導路間之正壓力	$T\sin\theta$ 大 即摩擦阻力大，故推動困難且易磨損	$T\sin\theta$ 小 即摩擦阻力小
$T\cos\theta$ 推動從動件上升的推升力	$T\cos\theta$ 小 即推升力小	$T\cos\theta$ 大 即推升力大

2. 於圖 7.3-2 知，側壓力與傳動速度之關係，如表 7.3-2 所示，所以設計凸輪時，其周緣之形狀，應就側壓力及速度二者關係之輕重而取決之。例如各種內燃機中其進出氣活瓣之起閉必須迅速，故凸輪之周緣十分陡峭。

表 7.3-2 側壓力與傳動速度之關係

凸輪周緣 AD 對 OD 之傾斜角	側壓力	傳動速度
大	小	慢
小	大	快

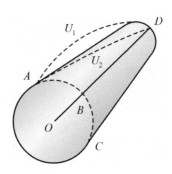

圖 7.3-2 凸輪之傳動速度

範例 7-1 請繪圖說明滾子凸輪機構(roller-cam)壓力角(pressure angle)之定義。如何改變壓力角之大小？ 【81 高考】

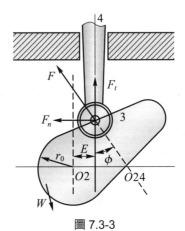

圖 7.3-3

解 壓力角之定義，為凸輪和從動件接觸時凸輪輪廓之法線與從動件運動速度方向之夾角，即為壓力角 ϕ

若增加基圓半徑 r_0，可減少壓力角 ϕ。

7.4　凸輪線圖

凸輪線圖之水平軸是以凸輪轉動的角度作為時間單位，通常以一轉 360°為準，而垂直軸則表示從動件之位移。

常用的凸輪線圖有下述五種：

1. **等速運動：**

   等速運動其意係指從動件在單位時間內所上升或下降的位移皆相等，如圖 7.4-1 所示。於圖 7.4-2 為等速度運動之位移、速度及加速度圖形。圖中從動件在凸輪轉角 a 到 b 等速上升，b 到 c 靜止不動，c 到 d 以等速下降。

   由速度圖知，從動件之速度在時間沒有變化之下由零變化到最大值，因此此時的加速度必然是無限大，而易產生陡震(shock)、噪音及損壞機件。因此，等速運動很少被採用。所以應採用下述的變形等速運動。

2. **等加速度運動：**

   其位移按照 $1：3：5：7：9$ 的比例遞增或遞減。

   因等加速運動　　$S = V_0 t + \dfrac{1}{2} A t^2$

   若　$V_0 = 0$

   當　$t = 0$ 時，$S_0 = 0$

   $t = 1$ 時，$S_1 = \dfrac{1}{2} A \Rightarrow \Delta S_1 = \dfrac{1}{2} A$

   $t = 2$ 時 $S_2 = \dfrac{4}{2} A \Rightarrow \Delta S_2 = \dfrac{3}{2} A$

   $t = 3$ 時 $S_3 = \dfrac{9}{2} A \Rightarrow \Delta S_3 = \dfrac{5}{2} A$

   $t = 4$ 時 $S_4 = \dfrac{16}{2} A \Rightarrow \Delta S_4 = \dfrac{7}{2} A$

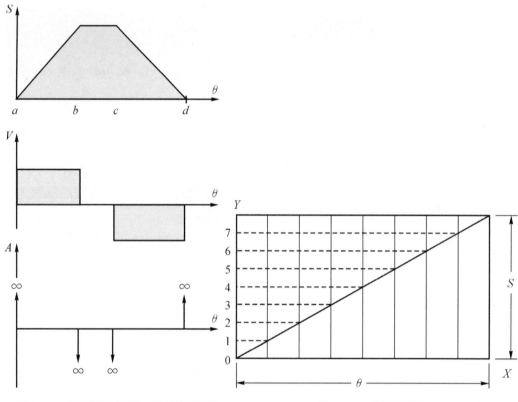

圖 7.4-1　等速度之位移、速度及加速度　　　　　圖 7.4-2　等速度線圖

在圖 7.4-3 中，將時間座標 OX 等分成為 8，將升距 OY 按照比例 1：3：5：7：7：5：3：1 共分成 8 段，因升距太短，分段不易，可畫一條斜線，如圖所示，在斜線上按 1：3：5：7：7：5：3：1 分成 8 段，最後一段的末點與升距的最高點相連，並在其餘各點作此連線的平行線，得 1、2、3、4、5、6、7、8 交點，再利用上述交點畫水平線，交時間 OX 的垂直等分線於 1、2、3、4、5、6、7、8 點，利用曲線板連接這些點，則得位移曲線。

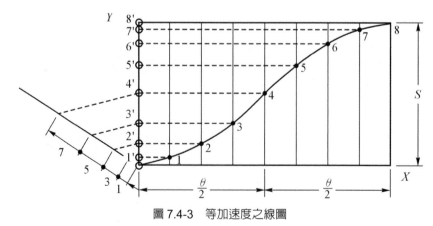

圖 7.4-3　等加速度之線圖

3. **修正等速運動：**

由於等速運動的凸輪在先天上有極大的陡震，因將等速運動過程作一修正，以減少陡震。常用的修正方法是將從動件在經歷等速度之開始和終止的地方，分別修正爲等加速度及等減速度。

圖 7.4-4 爲修正後之等速運動位移、速度及加速度之圖形。其從動件在 a 至 b 爲等加速、b 至 c 爲等速度、c 至 d 爲等減速、d 至 e 又靜止不動、e 至 f 爲等減速度、f 至 g 爲等速度、g 至 h 爲等加速度。

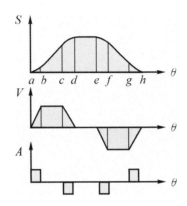

圖 7.4-4 修正等速度之位移、速度及加速度

4. **簡諧運動：**

作等角速度運動，其在垂直徑線投影點之運動，稱爲簡諧運動。圖 7.4-5(a)爲投影所得到之簡諧運動線圖。

於圖 7.4-5(b)所示爲簡諧運動之位移、速度及加速度之圖形。其中凸輪轉角 a 至 b 時以簡諧運動上升，b 至 c 又靜止不動，c 至 d 以簡諧運動下降。

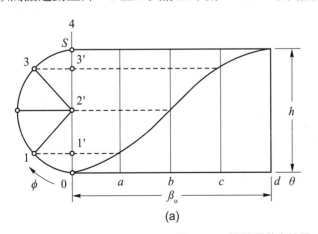
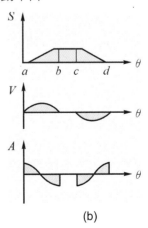

圖 7.4-5 簡諧運動之線圖

在圖 7.4-5 中，滾圓順時針轉 ϕ 角時，凸輪轉 θ 角，s 為從動件的位移，由圖 7.4-5 可得位移

$$s = (h/2)(1 - \cos\phi)$$

因 $\phi = \pi\theta/\beta$、$\theta = \omega t$ 代入上式再對時間 t 微分得速度 V (如圖 7.4-5(b))

$$V = \frac{\pi h\omega}{2\beta} \sin\frac{\pi\theta}{\beta}$$

速度 V 再對時間微分得加速度 A (如圖 7.4-5(b))

$$A = \frac{\pi^2 h\omega^2}{2\beta^2} \cos\frac{\pi\theta}{\beta}$$

5. **擺線運動：**

當一圓在直線上滾動時，圓周上一點 P 之軌跡即為擺線。此擺線之發生是由於此滾圓完成一圓周運動。

圖 7.4-6 之位移圖表示一從動件依擺線運動上升。右上角的部分放大圖形表示點 0′ 至 6′ 之投影方法。

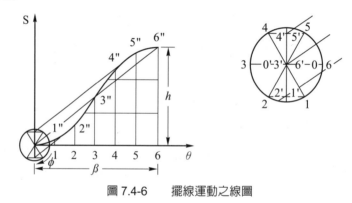

圖 7.4-6　　擺線運動之線圖

由圖 7.4-6 知，凸輪轉 β 角時從動件總升程為 h。當滾圓轉 ϕ 角時，凸輪對應轉 θ 角，因此位移 $s = R\phi - R\sin\phi = R(\phi - \sin\phi)$ ，而 $\phi = 2\pi\theta/\beta$、$R = h/2\pi$ 代入得位移

$$s = \frac{h}{2\pi}\left(2\pi\frac{\theta}{\beta} - \sin 2\pi\frac{\theta}{\beta}\right)$$

因 $\theta = \omega t$ 代入上式再對時間微分得速度 V (如圖 7.4-7)

$$V = \frac{h}{\beta}\omega\left(1 - \cos\frac{2\pi\theta}{\beta}\right)$$

速度 V 再對時間微分得加速度 A (如圖 7.4-7)

$$A = \frac{2\pi h}{\beta^2}\omega^2 \sin\frac{2\pi\theta}{\beta}$$

於圖 7.4-7 為擺線運動之位移、速度及加速度之圖形。當凸輪轉角為 a 至 b 時，以擺線運動上升，b 至 c 靜止不動，c 至 d 以擺線運動下降，由圖中之加速度曲線可知擺線運動不會產生陡震。

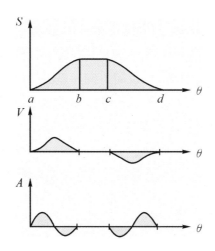

圖 7.4-7　擺線運動之位移、速度及加速度

以上五種線圖比較：

表 7.4-1　各種運動線圖之比較

	缺點	使用情況
1.等速運動	陡震及噪音均非常大	很少被採用
2.修正等速運動及等加速度運動	還是有些許的陡震	低速度運轉時使用
3.簡諧運動	加速部分尚有急衝起之現象	(1)因容易製造，使用廣泛 (2)中速運轉時使用
4.擺線運動	雖為最理想之線圖，但不易製造	高速運轉時使用

7.5 板形凸輪的設計

　　板形凸輪之周緣曲線由從動件之運動性質來決定，各種板形凸輪及為特定目的設計之凸輪，可由下述各例題獲解。

範例 7-2　一個平面凸輪驅動徑向尖端從動件(Radial knife-edge follower)做往復運動。凸輪迴轉角為 160°時，從動件由最低位置以簡諧運動上升 $h = 50$ mm。凸輪角速度 $n = 750$ rpm，反時針向。基圓半徑 $r_b = 40$ mm。試繪草圖，導出從動件之位移式，式中以凸輪角位移 θ、β 與 h 為參數，線位移為 S。求 $\theta = 120°$時從動件之線加速度 A(meter/sec²)。　　【82 高考】

解

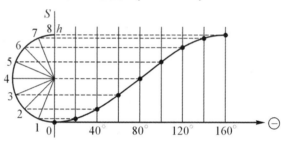

位移 $S(\theta) = \dfrac{h}{2}[1 - \cos(\pi\dfrac{\theta}{\beta})]$ 　　　　　速度 $V(\theta) = \dfrac{\pi h}{2}(\dfrac{\omega}{\beta})\sin(\pi\dfrac{\theta}{\beta})$

加速度 $A(\theta) = \dfrac{\pi^2 h}{2}(\dfrac{\omega}{\beta})^2 \cos(\pi\dfrac{\theta}{\beta})$

當 $\theta = 120° = \dfrac{2}{3}\pi$

$A = \dfrac{0.05 \times \pi^2 \times (750 \times \dfrac{2\pi}{60})^2}{2 \times (\dfrac{160}{180}\pi)^2} \cos\dfrac{120\pi}{160}$

　　$= -138\text{m}/\text{sec}^2$

範例 7-3　如圖 7.5-1 所示，已知凸輪從動件的總升距為 2 公分，尖端從動件、凸輪基圓半徑 3.0 公分，當凸輪逆時針旋轉 180°時，從動件滑桿 F 以等速上升，凸輪從 180°轉至 360°時，滑桿以等速下降，試設計此凸輪的外形。

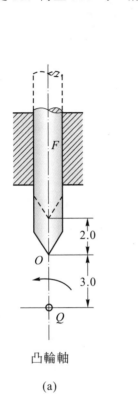

(a)

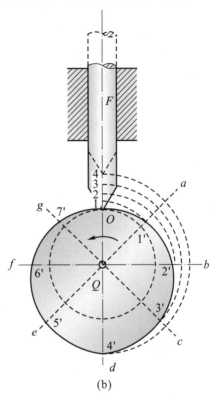

(b)

圖 7.5-1

解　依運動條件，可列成下表：

凸輪逆轉向	0°～180°	180°～360°
從動件運動	等速↑	等速↓

如圖 7.5-1(b)所示，先以 Q 為圓心，$\overline{QO}$ 為半徑畫基圓(如圖上的虛線圓)。

(1)　先將基圓等分成八等分，分角線 Qa、Qb、Qc、Qd、Qe、Qf、Qg。

(2)　將從動件總升距也平分成四等分，得 1、2、3、4。

(3)　以 Q 為圓心，$Q1$ 為半徑畫弧交 Qa 於 1′點。

(4) 同理，以 *Q* 爲圓心，*Q*2 爲半徑，
畫弧交 *Qb* 於 2′點。再以 *Q*3 爲半
徑，畫弧與 *Qc* 相交於 3′，以 *Q*4
爲半徑畫弧交 *Qd* 於 4′點。

(5) 可利用曲線板，平滑地將 *O*、1′、2′、
3′、4′連結，即得凸輪前半周的外形。

(6) 故同法求出 5′、6′、7′各點，再利
用曲線板平滑地將 4′、5′、6′、7′、
0 連接，即可獲得凸輪全部的外形。如圖 7.5-2 爲此種凸輪之應用。

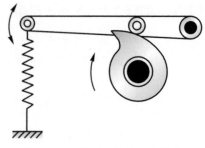

圖 7.5-2　利用凸輪的擊出機構

範例 7-4　如圖 7.5-3 所示，在圖 7.5-1 的 *O* 點裝上滾輪，從動件的總升距 *AB* 爲 2 公
分，當凸輪逆時針轉 180°時，從動桿 *F* 以等速上升，凸輪從 180°轉至 360°
時，滑桿 *F* 以等速下降，試設計此凸輪的外形。

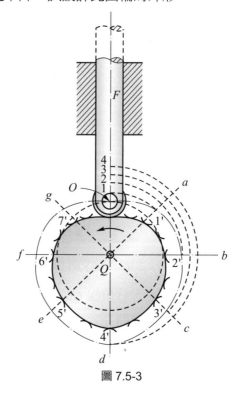

圖 7.5-3

解 依運動條件，可列成下表：

凸輪逆轉向	0°～180°	180°～360°
從動件運動	等速↑	等速↓

(1) 先以 Q 點為圓心，$\overline{QO}$ 為半徑畫凸輪的基圓，如圖 7.5-3 所示的虛線圓。

(2) 和例 1 相同，故可依其例，畫出此凸輪的理論曲線。

(3) 在理論曲線上，任取一點為圓心，以滾輪半徑為半徑畫圓弧，再利用曲線板畫曲線使其與這些弧線相切，此實線曲線即為此凸輪的工作曲線。

範例 7-5 如圖 7-5.4(a)所示，從動件位於凸輪軸之垂直上方，凸輪逆時針方向等速迴轉，從動件之最低位置距凸輪軸心 2.5 公分，總升距為 2 公分。若凸輪迴轉前半周時，從動件依簡諧運動上升至最高位置後突然下降 1 公分，再迴轉後半周時，從動件以等速下降至原來位置，試設計此凸輪的外形。

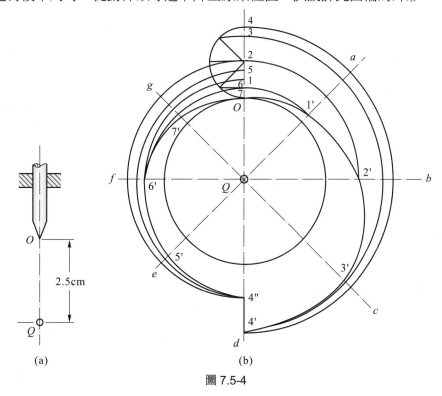

(a)　　　　　(b)

圖 7.5-4

解 依運動條件，可列成下表：

凸輪逆轉向	0°～180°	180°	180°～360°
從動件運動	簡諧運動↑	急降↓	等速↓
從動件線位移	2cm	1cm	1cm

(1) 如圖 7.5-4(b)所示，以 Q 為圓心，$\overline{QO}$ 為半徑畫凸輪基圓。

(2) 將基圓等分為 8 等分，並從等分點連接圓心，則得等分角線 Qa、Qb、Qc、Qd、Qe、Qf、Qg。

(3) 將總升距依簡諧運動方式分成 4 等分，得 1、2、3、4 等點。

(4) 以 Q 為圓心，$\overline{Q1}$ 為半徑畫弧，交 Qa 於 1′點。

(5) 同理，以 Q 為圓心，$\overline{Q2}$、$\overline{Q3}$、$\overline{Q4}$ 為半徑畫弧，分別與等分角線交於 2′、3′、4′。

(6) 利用曲線板，平滑地將 O、1′、2′、3′、4′點連接，則得前半周之凸輪曲線。

(7) 在 4′點從動件突然下降 1 公分，因此得 4″點。

(8) 將依等速下降方式 4 等分平分最後下降 1 公分得 5、6、7、O 等點。

(9) 以 Q 為圓心，分別以前一步驟之 4 等分為半徑畫弧交等分角線於 5′、6′、7′點，利用曲線板連接 4″、5′、6′、7′、O 等點，則得到此凸輪的後半周曲線。

範例 7-6 如圖 7.5-5(a)所示，從動件為尖端，其中心與凸輪軸偏置了一段距離 S，而滾輪中心與凸輪中心相距 T，當凸輪逆時針轉 180°時，從動件以等速上升一段距離 H，再轉 180°時，從動件以等速下降相同距離 H，試設計此凸輪的外形曲線。

解 依運動條件，可列成下表：

凸輪逆轉向	0°～180°	180°～360°
從動件運動	等速↑	等速↓

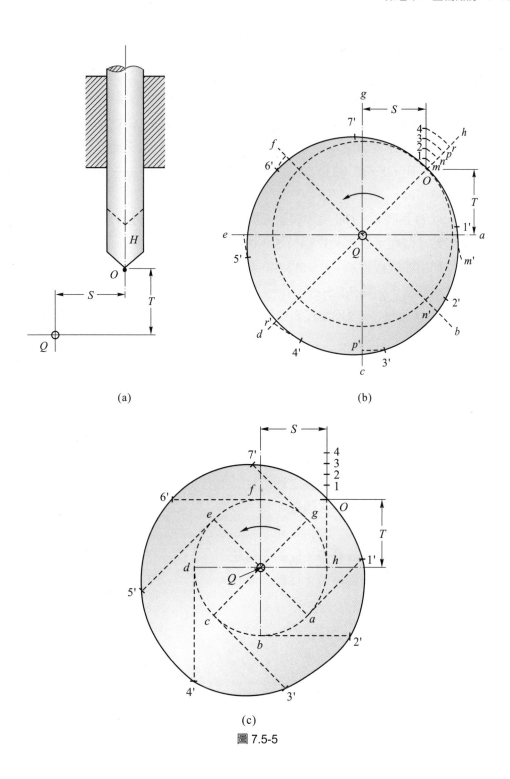

(a)

(b)

(c)

圖 7.5-5

此解法有二種，第一種解法如圖 7.5-5(b)所示。

(1) 連結 $\overline{QO}$ 並延長至 h 點。

(2) 以 Q 為中心 $\overline{QO}$ 為半徑畫圓得凸輪基圓，如圖中的虛線圓。

(3) 將基圓等分成 8 等分，得分角線 Qa、Qb、Qc、Qd、Qe、Qf、Qg。

(4) 將升距 H 等分成 4 等分，如圖所示的 1、2、3、4 等點。

(5) 將升距 $O1$、12、23、34 分成徑向分量 Om、mn、np、pr 及切線分量 $m1$、$n2$、$p3$、$r4$。

(6) 以 Q 為圓心，Qm 為半徑畫弧與 Qa 交於 m' 點，再過 m' 點作切線分量 $m1$ 得 $1'$ 點。同理可得 $2'$、$3'$、$4'$、$5'$、$6'$、$7'$。

(7) 利用曲線板將 O、$1'$、$2'$、$3'$、$4'$、$5'$、$6'$、$7'$點相連，即為凸輪外形曲線。

第二種解法，如圖 7.5-5(c)所示。

(1) 以 Q 為圓心，S 為半徑畫虛線圓，此虛線圓與升距直線相切於 h 點，稱為偏位圓。

(2) 從 h 點順時針將偏位圓等分 8 等分，分角線交偏位圓於 a、b、c、d、e、f、g 點。

(3) 由 a 點作切線，令 $a1' = h1$，同理可得 $2'$、$3'$、$4'$、$5'$、$6'$、$7'$。

(4) 利用曲線板將 0、$1'$、$2'$、$3'$、$4'$、$5'$、$6'$、$7'$點相連接，即為凸輪外形曲線。

設計成此種偏位從動件凸輪之理由有二：

(1) 為了避開其他機件之阻礙。

(2) 減少側壓力：

　　當凸輪順時鐘旋轉時，從動件偏左。

　　當凸輪逆時鐘旋轉時，從動件偏右。

範例 7-7　如圖 7.5-6 所示，當凸輪逆時針旋轉 120°時，從動件以簡諧運動上升 H 高度，再轉 120°時，從動件保持在最初原位不動(即回至 O 點)，試求此凸輪的外形曲線。　　　　　　　　　　　　　　　　【高考】

解　先依運動條件，可列成下表：

凸輪逆轉向	0°～120°	120°	120°～360°
從動件運動	簡諧運動↑	急降↓	靜止

(1) 以 Q 為圓心，$\overline{QO}$ 為半徑畫基圓。

(2) 連 QO 並延長至 h 點，取 $\angle hQd = 120°$。

(3) 以 H 為直徑畫半圓，並在半圓的弧長上，等分成 4 等分，在等分點上作 H 的垂線，即得交點 1、2、3、4 點。

(4) 將升距 $O1$、12、23、34 分成徑向分量 Om、mn、np、pr 及切線分量 $m1$、$n2$、$p3$、$r4$。

(5) 以 Q 為圓心，Qm 為半徑畫弧與 Qa 交於 m'點，再過 m'點作切線分量 $m1$ 得 $1'$點，同理可得 $2'$、$3'$、$4'$。

(6) 利用曲線板，將 O、$1'$、$2'$、$3'$及 $4'$ 點連接，即得凸輪一部分的曲線。

(7) Qd 與基圓之交點為 $4''$，連 $4'4''$，其 $4'4''$代表滾輪中心急劇下降之線，而基圓之其餘部分即為滾輪中心歇息時之凸輪曲線。

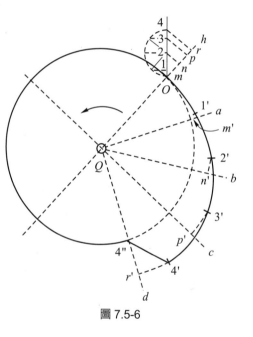

圖 7.5-6

範例 7-8　如圖 7.5-7 所示，以 A_0 為轉動中心之擺動式滾子從動件，搖臂按標示之刻度作弧形擺動，凸輪以 Q 為轉軸順時針旋轉，試設計凸輪之外形。

解

(1) 以 Q 點為圓心，$\overline{QO}$ 為半徑畫基圓。

(2) 以 Q 點為圓心，$\overline{QA_0}$ 為半徑畫圓，此圓稱為樞軸圓。

(3) 將基圓從 QA_0 為起點分成 8 等分，分角線交樞軸圓於 A_0、A_1、A_2、$A_3\cdots A_7$。

(4) 以 A_1 為圓心，R 為半徑畫弧，再以 Q 點為圓心，$Q1$ 為半徑畫弧交前弧於 $1'$。同理可得 $2'$、$3'\cdots\cdots7'$。

(5) 利用曲線板將 0、$1'$、$2'$、$3'\cdots\cdots7'$點相連接，得凸輪的理論曲線。

(6) 在理論曲線上，任取一點為圓心，以滾輪半徑畫圓弧，再利用曲線板畫曲線使其與這些弧線相切，得凸輪的工作曲線。

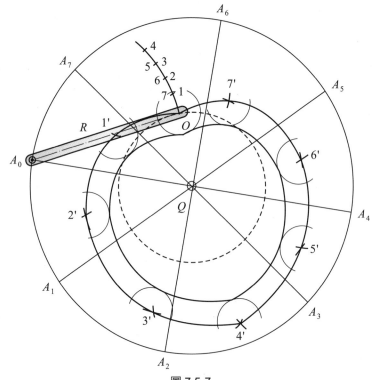

圖 7.5-7

7.6　平板形確動凸輪

凸輪之從動件一般多藉凸輪的周緣形狀而推舉，恢復原位則依靠本身重力或彈簧壓力，若能使凸輪之動作及於從動件滾子兩側，則凸輪除可推動從動件之外，亦可拖帶從動件回復原位，不需再藉外力之助，此類凸輪稱為確動凸輪。依構造可分約有四種：

1.　簡單確動凸輪：

如圖 7.6-1 所示，在凸輪槽內有從動件的滾輪在曲線滑槽內滑動。滑槽曲線的中心線就是凸輪的理論曲線，滑槽的寬度比滾輪直徑稍大，如此可使滾輪任意滑動。此不需藉彈簧壓力，從動件本身重力就能回復原位，此種凸輪為簡單確動凸輪。

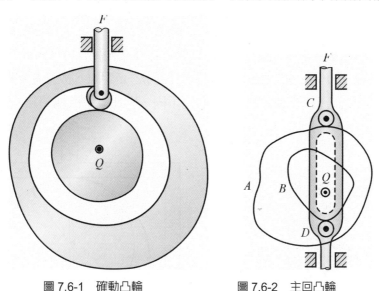

圖 7.6-1　確動凸輪　　　　　圖 7.6-2　主回凸輪

2.　主回凸輪：

如圖 7.6-2 所示，於同一軸上設置兩個凸輪 A 與 B，從動件上也裝有二個滾輪 C 與 D，固定在從動件的架子上，滾輪 C 與凸軸 A 相接觸，滾輪 D 與凸輪 B 相接觸，凸輪 A 的設計在使從動件得到預期的運動，而凸輪 B 的設計在保持與滾輪 D 的接觸，其位置則須依照滾輪 C 的位置而定，當滾輪 C 受力時(從動件上升)，滾輪 D 不受力；當滾輪 D 受力時(從動件下降)，滾輪 C 不受力，如此可使從動件不藉外力或本身重力，而能確實的隨凸輪作直線運動，此種凸輪稱為主回凸輪。

3. **定徑凸輪：**

   如圖 7.6-3 所示，為一定徑式確動凸輪，其從動件上有二個滾輪，分別位於凸輪的上下，且與凸輪同時接觸，當從動件向上運動時，凸輪作用於上面的滾輪，當從動件向下運動時，凸輪作用於下面的滾輪。任何通過凸輪軸之線，交凸輪周緣所得之長度，恆為一相等常數，亦每從動件上兩滾輪中心距離相等，因而此類凸輪通常稱為定徑凸輪。故

$$AQA' = BQB' = CQC' = D$$

4. **定闊凸輪：**

   如圖 7.6-4 所示，其凸輪表面和從動件之兩平行面相接觸(凸輪置於從動件的形成之盒內)，兩平行面之距離 d，為基圓直徑及從動件總升距之和，故凸輪輪廓上其相隔 180°之兩點其距離須恆等於 d；很明顯的，從動件需在凸輪輪角 0°至 180°決定其運動。但因凸輪轉角在 180°至 360°時，其亦須保持相同之 d 距離，故升程和回程其條件相同方向相反，因此若要求凸輪的升程和回程不同，則此定闊凸輪將無法被使用。

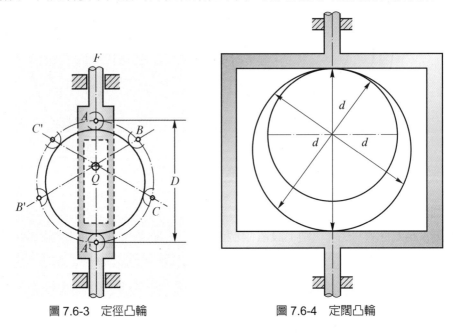

圖 7.6-3　定徑凸輪　　　　圖 7.6-4　定闊凸輪

7.7 偏心凸輪和三角凸輪

1. **偏心凸輪**(eccentric cam)：

如圖 7.7-1(a)、(b)、(c)所示，凸輪形心在 B 點，而以 Q 點為軸心旋轉，推動尖端從動件，如此從動件的行程為 $\overline{QB}$ 距離的兩倍。圖中，實線圖是從動件在最低的位置，虛線圖則為凸輪逆時針方向旋轉 $90°$ 後的位置。圖 7.7-1(b)所示為圖 7.7-1(a)的改良品，其中平頭從動件可以使凸輪與從動件的接觸點，永遠在 B 點的正上方。

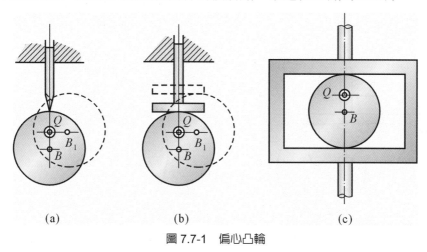

圖 7.7-1 偏心凸輪

範例 7-9 設有一偏心圓盤凸輪，如圖 7.7-2 所示從動件端為平面，試證從動件之運動為簡諧運動。 【高檢】

解 設偏心圓盤半徑為 R，偏心度 AB 以 e 表之，故基圓半徑 $= R - e$。圖示偏心輪驅動一個往復平板從動件 K，以 K 的最低位置為起始位置算起，其凸輪和從動件接觸點為 T_o，經過凸輪逆時針轉動一角位移後，從動件的接觸面距凸輪的軸心 A 最近的一點為 T，則此從動件 K 上升的位移 S 即

$$S = AT - AT_o$$
$$= [e\cos(180° - \theta) + R] - (R - e)$$
$$= e\cos(180° - \theta) + e$$
$$= -e\cos\theta + e$$
$$= e(1 - \cos\theta)$$

若 $\dfrac{d\theta}{dt}=\omega$ 爲角速度，則

$$S = e(1 - \cos\theta)$$

$$V = \frac{dS}{dt} = e\omega\sin\theta$$

$$A = \frac{dV}{dt} = e\omega^2\cos\theta$$

爲簡諧運動之控制式，故得證。

在圖 7.7-2 中，若將凸輪封閉在矩形滑框中(如虛線所示)，則成爲一確動凸輪，如同定闊凸輪。

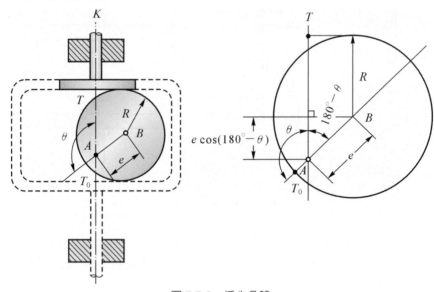

圖 7.7-2　偏心凸輪

範例 7-10 如圖 7.7-3 所示，偏心輪直徑 4.0 cm，偏心距 $\overline{AO} = 1.0$ cm，設凸輪以均勻速度 2 rad/sec 順時針方向迴轉，則從動件之速度為若干？

解 偏心距 $e = 1.0$ cm

角速度 $\omega = 2$ rad/sec

$\theta = 150° \Rightarrow \sin150° = 0.5$

$V = e\omega\sin\theta$

$\quad = 1 \times 2 \times 0.5$

$\quad = 1(\text{cm/sec})$

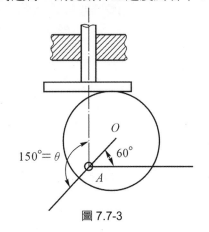

圖 7.7-3

答 從動件速度為 1 cm/sec。

2. **三角凸輪(triangular cam)：**

圖 7.7-4 所示為三角凸輪，是一個由兩種半徑構成六段弧形連接而成的平面凸輪，此種凸輪是屬於定闊凸輪的一種，因其凸輪輪廓像三角形，故稱之為三角凸輪(為確動凸輪的一種)。△ABC 是一個等邊三角形，此六段弧形就各以其三個頂點 A、B、C 為圓心，以半徑 R 與 R_0 作成，R 與 R_0 之差即為從動件的總升距，以 S 表示，R 與 R_0 之和就等於從動件兩平行面間的寬度 D，故 R_0 與 S 一經指定，這個三角凸輪就可製出。

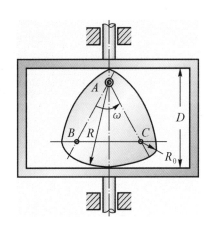

圖 7.7-4　三角凸輪

設凸輪以均勻角速度逆時針旋轉其角位移由圖示位置算起，則如下表所示。

表 7.7-1　三角凸輪之運動

凸輪角位移	從動件運動
$0° \leq \theta < 30°$	不動
$30° \leq \theta < 90°$	簡諧
$90° \leq \theta < 150°$	簡諧
$150° \leq \theta \leq 180°$	不動

7.8　圓柱形凸輪

圓柱形凸輪係用以驅動從動件作平移之往復運動，它和平板形凸輪不同處在於圓柱形凸輪與旋轉一周從動件不必一定回到原來的位置。

圓柱形凸輪依周數可分為下列三種：

1. **單周凸輪(single-ture cam)：**

如圖 7.8-1 所示，當凸輪旋轉一周，從動件就回到原位。

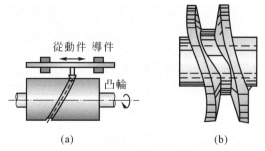

(a)　　　　　　　　　　(b)

圖 7.8-1　圓柱形凸輪

2. **雙周凸輪(double-turn cam)：**

如圖 7.8-2 所示，當凸輪旋轉二周，從動件才回到原位。

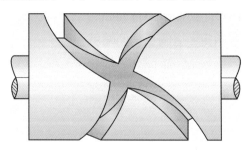

圖 7.8-2　雙周凸輪

3. **多周凸輪(multiple-turn cam)：**

如圖 7.8-3 所示，圖中從動件 B 下端裝有滑動件 A，可以在滑構內滑動，當凸輪旋轉時，推動 B，使其滑桿 F 作左右移動，而當滑動件 A 在凸輪兩端時，因與滑槽垂直，所以從動件 B 會停留一段時間。滑動件 A 的形狀，必須是特別的形狀，如圖所示，它為兩頭尖的梭形體，以便於在交叉口時，通行無阻。

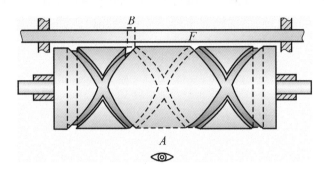

圖 7.8-3 多周凸輪

4. **圓柱凸輪的應用例子：**

圓柱凸輪常應用於自動化機器中，做為多桿往復送料機構(圖 7.8-4)，可取代氣壓缸功能，優點是由馬達驅動速度快、不需壓縮機所以噪音極小且可節省機器空間，但缺點是作動力沒有氣壓缸的作動力大。

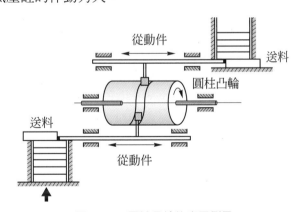

圖 7.8-4 圓柱凸輪的應用例子

*7.9 凸輪製造方法

1. 以線鋸或帶鋸鋸出凸輪輪廓，再以銼刀或銑床、鉋床修整，此法所得之凸輪精度不高。

2. 以精密銑床或磨輪，按分度盤之角度慢慢加工而成，此法精度甚高，但生產速度慢。

3. 以方法 2.所得之標準凸輪爲樣板，引導銑刀或磨輪可較快速地加工。

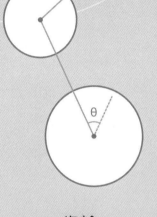

第八章

齒輪機構

8.1　齒輪

　　摩擦輪傳動時常發生打滑的現象，若在輪外加裝齒，則圓輪傳動就會是藉著齒與齒相互嚙合而帶動，如此可得準確的角速度比且可傳達較大的動力，這種有齒的圓輪即稱為齒輪。因兩機件之角速比固定，依據直接接觸傳動理論知齒形曲線必須為共軛曲線，常用之共軛曲線有擺線及漸開線兩種，而整個接觸過程除節點為滾動接觸外，其餘曲線皆成滑動接觸，因此齒輪傳動通常是滾動中帶滑動。

8.2　齒輪之用途及其優缺點

1. **齒輪的功用之三**：
   (1) 傳動動力。
   (2) 改變轉向。
   (3) 改變轉速。

2. **齒輪的優點**：
   (1) 可傳遞較大的動力。
   (2) 轉速比正確，不打滑。
   (3) 軸距稍遠時，可採用齒輪組，以節省空間。

3. **齒輪的缺點**：
   (1) 價格較貴。
   (2) 當傳動負荷超載時，動力無法帶動時，常會卡住致使馬達燒壞。
   (3) 若長距離之傳動，應考慮改用撓性傳動機構，如鏈條，皮帶等。

8.3　齒輪之種類

表 8.3-1　齒輪之種類

名稱	二軸之關係	種類	特性
正齒輪	二軸平行	1.外齒輪；如圖 8.3-1 2.內齒輪；如圖 8.3-2 3.螺旋齒輪(正扭齒輪)； 　如圖 8.3-3 4.人字齒輪；如圖 8.3-4 5.齒條和小齒輪；如圖 8.3-5 6.銷輪組；如圖 8.3-6	1.兩軸轉向相反 2.兩軸轉向相同，使用於高減速比 3.適用較大負荷及較高的轉速，有軸向推力，軸承之選用要注意 4.即左右對稱之螺旋齒輪合成，又稱傘形齒輪，無軸向推力 5.半徑無窮大之齒輪，即齒條
斜齒輪	二軸相交	1.直斜齒輪；如圖 8.3-7 2.斜方齒輪；如圖 8.3-8 3.冠狀齒輪；如圖 8.3-9 4.蝸線斜齒輪；如圖 8.3-10	1.兩軸無特定交角角度 2.兩軸成 90° 3.其中一輪之頂角為 180° 4.適用於高速、重負荷
特種齒輪	二軸不平行也不相交	1.雙曲面齒輪；如圖 8.3-11 2.螺輪；如圖 8.3-12 3.蝸桿與蝸輪；如圖 8.3-13 4.戟齒輪；如圖 8.3-14	1.又稱歪斜齒輪，不易製造，故使用不廣 2.與螺旋齒輪相似，但軸線不平行且不相交，兩輪為點接觸，作用力集中於一點，故不適於傳動較大的動力 3.適用於大的減速比，不易逆轉 4.與蝸線斜齒輪相似，但兩軸不相交

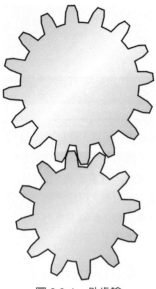

圖 8.3-1　外齒輪

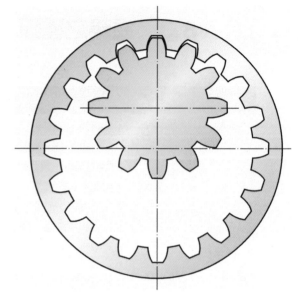

圖 8.3-2　內齒輪

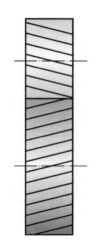

圖 8.3-3　螺旋齒輪

圖 8.3-4 人字齒輪

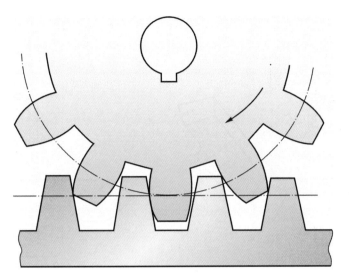

圖 8.3-5 齒條與小齒輪

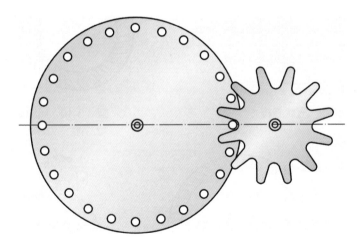

圖 8.3-6 銷輪組

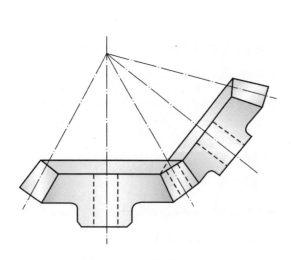

圖 8.3-7 直斜齒輪

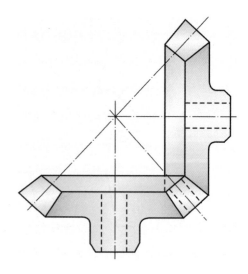

圖 8.3-8 斜方齒輪

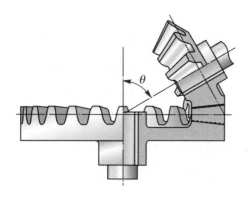

圖 8.3-9 冠狀齒輪

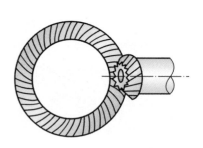

圖 8.3-10 蝸線齒輪

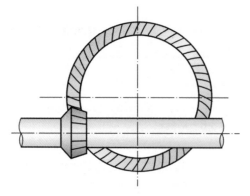

圖 8.3-11 雙曲面齒輪

圖 8.3-12 螺輪

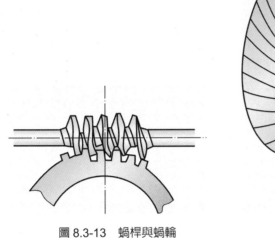

圖 8.3-13　蝸桿與蝸輪

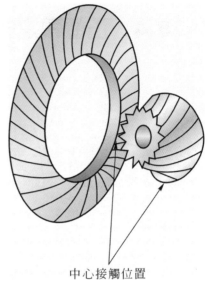

中心接觸位置

圖 8.3-14　戟齒輪

範例 8-1　試簡述正齒輪(spur gears)、螺旋齒輪(helical gears)、斜齒輪(bevel gears)及蝸齒輪(worm gears)的應用性及其優、缺點。　　　　【81 高考】

解　1.正齒輪

優點：1.製作容易　2.周節，壓力角相等即可互換使用

　　　3.無軸向推力

缺點：1.平行軸才能嚙合　2.嚙合轉動時噪音大

　　　3.強度弱

2.斜齒輪

優點：1.軸不限平行軸　2.強度較正齒輪大

缺點：1.不可互換使用　2.產生軸向推力

3.蝸齒輪

優點：1.兩不相交的垂直軸之間可傳遞高減速比的動力

　　　2.節省空間　3.不會逆轉(overhaul)

缺點：1.製作不易　2.無互換性，需成對製作

4.螺旋齒輪

優點：1.可傳動於平行或不平行二軸　2.齒輪的負荷由小而大，可帶動較大的負荷

　　　3.噪音小

缺點：1.製作困難　2.無互換性，需成對製作

8.4 正齒輪之各部分之名稱

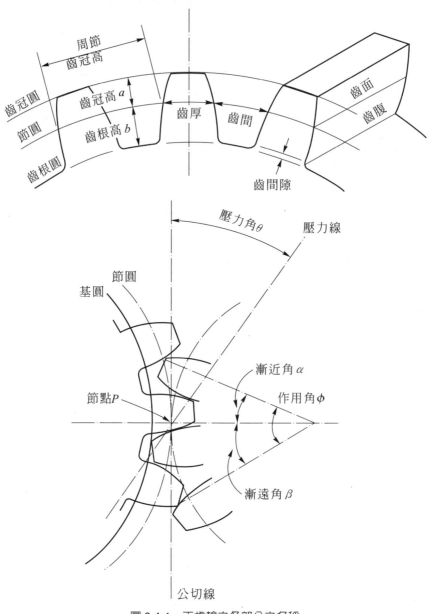

圖 8.4-1 正齒輪之各部分之名稱

1. 節點：齒輪接觸點之公法線與中心連線之交點 P 稱為節點。
2. 節圓：齒輪在節點 P 成滾動接觸，故軸心與 P 點所決定之純滾動圓就稱為節圓，通常以節圓代表齒輪。
3. 節圓直徑：節圓的直徑以 D 表示，其半徑以 R 表之。

4. 齒冠圓：通過齒輪頂部的圓，其半徑以 R_o 表之。

5. 齒根圓：不含輪齒之最大圓，其半徑以 R_r 表之。

6. 齒冠高：節圓至齒冠圓之徑向距離，以 a 表之，故 $a = R_o - R$。

7. 齒根高：節圓至齒根圓之徑向距離，以 b 表之，故 $b = R - R_r$。

8. 工作深度：兩相嚙合齒輪齒冠高之和。

9. 齒間隙(餘隙)：齒根高減齒冠高，即 $b - a$，其功用有四：

   (1) 避免過切。

   (2) 潤滑方便。

   (3) 熱脹冷縮之裕度。

   (4) 製造之公差。

10. 齒深：齒冠與齒根之和，即 $a + b$。

11. 齒面：齒冠圓至節圓間的齒廓曲面。

12. 齒腹：齒根圓至節圓的齒廓曲面。

13. 齒厚：在節圓上所量齒的左右兩側的弧長，以 S 表示。

14. 齒間：在節圓上相鄰兩齒間之空隔的弧長，以 t 表示。

15. 背隙(齒隙)：齒間減齒厚，即 $t - S$，其功用有三：

    (1) 製造之公差。

    (2) 熱脹冷縮之裕度。

    (3) 方便於裝配。

16. 周節：節圓上相鄰兩齒對應點間之弧長，以 P_c 表之

$$P_c = \frac{\pi D}{T} \quad \text{(其中 } D \text{ 表節徑，} T \text{ 表齒數)}$$

兩齒互相傳動時，其周節必相等，故

$$\frac{\pi D_1}{T_1} = \frac{\pi D_2}{T_2} \Rightarrow \frac{T_1}{T_2} = \frac{D_1}{D_2}$$

即節徑愈大則齒數愈多。

17. 模數：節徑與齒數之比值，以 m 表之，其單位為 mm。

$$m = \frac{D}{T}$$

公制齒輪，以模數表示齒形大小，即模數愈大齒形就愈大。

18. 徑節：齒數與節徑之比值，以 P_d 表之，其單位為牙／吋。

$$P_d = \frac{T}{D}$$

英制齒輪，以徑節表示齒形大小，即徑節愈大齒形就愈小。

19. 周節、模數與徑節之關係

$$P_c = \frac{\pi D}{T} = \pi \cdot \frac{D}{T} = \pi \cdot m$$

即　$P_c = m\pi$

$$P_c = \frac{\pi D}{T} = \frac{\pi}{\left(\dfrac{T}{D}\right)} = \frac{\pi}{P_d}$$

即　$P_c \times P_d = \pi$

$$m = \frac{D}{T} = \frac{1}{\left(\dfrac{T}{D}\right)} = \frac{1}{P_d}\,(\text{in}) = \frac{25.4}{P_d}\,(\text{mm})$$

即　$m \times P_d = 25.4$

20. 漸近角：兩齒輪從接觸開始至節點為止，兩輪所轉過的角度以 α 表示之。

21. 漸遠角：兩齒輪從節點至接觸結束，兩輪所轉過的角度，以 β 表示之。

22. 作用角：漸近角與漸遠角之和，以 ϕ 表示之，即 $\phi = \alpha + \beta$。

23. 漸近弧：漸近角所對的節圓弧長，稱為漸近弧。

24. 漸遠弧：漸遠角所對的節圓弧長，稱為漸遠弧。

25. 作用弧：作用角所對的節圓弧長稱為作用弧，即漸近弧加漸遠弧，兩互相傳動之齒輪作用弧須相同。

26. 接觸比：作用弧與周節之比值，一般不得小於 1.4 如此才能確保傳動過程至少有二齒以上的接觸，也才不會因負載之突增而產生噪音。

27. 壓力線：兩齒輪之接觸點的公法線，稱為壓力線或稱為作用線，此線必通過節點。對漸開線齒輪而言，所有的接觸點皆在此線上。

28. 壓力角：兩齒輪傳動時，其壓力線與節圓之公切線之夾角稱為壓力角，以 θ 表示，一般 θ 值約為 14.5°～22.5°。

29. 基圓：以齒輪軸心為圓心與壓力線相切之圓稱為基圓，以 D_b 表示

$$D_b = D\cos\theta$$

30. 中心距：兩互相傳動齒輪中心軸之距離，以 C 表示。

當兩輪外接時，中心距 C

$$C = \frac{D_1 + D_2}{2} = \frac{m(T_1 + T_2)}{2} = \frac{T_1 + T_2}{2P_d}$$

當兩輪內接時，中心距 C

$$C = \frac{D_1 - D_2}{2} = \frac{m(T_1 - T_2)}{2} = \frac{T_1 - T_2}{2P_d}$$

範例 8-2　請寫出正齒輪組接觸率(contact ratio)之定義。如何改變接觸率以達到較佳之性能。　　　　　　　　　　　　　　　　　　　　　　　　　　　　【81 高考】

解　接觸率　$m_c = \dfrac{接觸路徑}{周節} = \dfrac{接觸弧長}{周節}$

若接觸率太小，會提高輪齒間之衝擊及增大噪音，接觸率不應小於 1.4。

範例 8-3　一螺旋齒輪，其橫向徑節(Transverse diametral pitch)P_d = 12，橫向壓力角(Transverse pressure angle)ϕ_t = 14.5°，齒數 N=28，螺旋角(Helix angle) ϕ = 30°，試求周節 P_c (circular pitch)，法向周節 P_{c_n} (Normal circular pitch)，法向徑節 P_{d_n} (Normal diametral pitch)，軸向節 P_x (Axial pitch)，節徑 d (Pitch diameter)，法向壓力角ϕ_n(Normal pressure angle)。　　　　　　　　　【83 普考】

解

$\tan\phi_n = \tan\phi_t \cos\phi$　　　　　　　　　ϕ_t：橫向壓力角 14.5°

$P_c \times P_d = \pi$　　　　　　　　　　　　　　　ϕ：螺旋角 30°

$P_{c_n} = \dfrac{\pi}{P_{d_n}}$　　　　　　　　　　　　　ϕ_n：法向壓力角

$P_{c_n} = P_c \cos\phi$　　　　　　　　　　　　　N：齒數 28

$d = \dfrac{N}{P_d \cos\phi}$　　　　　　　　　　　　P_d：橫向徑節 12

周節　　　　$P_d = 12 \therefore P_c = \dfrac{\pi}{12} = 0.262 \text{ in/tan}$

法向周節　　$P_{c_n} = P_c \cos\phi = P_c \times \cos 30° = 0.227 \text{ in/tauth}$

法向徑節　　$P_{d_n} = \dfrac{\pi}{P_{c_n}} = 13.86 \dfrac{\text{teeth}}{\text{in}}$

節徑　　　　$d = \dfrac{28}{12 \times \cos 30°} = 2.694 \text{(in)} = 68.43 \text{(mm)}$

$\qquad\qquad\tan\phi_n = \tan\phi_t \cos\phi = \tan 14.5° \cos 30° = 0.02396$

法向壓力角　$\phi_n = 12.624°$

範例 8-4　試求周節 $P_c = 1.5$ 吋之齒輪的徑節及模數。

解　已知　$P_c = 1.5$ 吋

而　　$P_c \times P_d = \pi$

$\qquad P_d = \dfrac{3.14}{1.5} = 2.093\,(牙／吋)$

又　　$P_d \cdot m = 25.4$

$\qquad m = \dfrac{25.4}{2.093} = 12.1\,(\text{mm})$

範例 8-5　一齒輪有 12 齒，另一齒為 37 齒，模數為 3.5，試求其中心距離。

解　若為外接時

$\qquad\qquad C = \dfrac{m(T_1 + T_2)}{2} = \dfrac{3.5(12 + 37)}{2} = 85.75\,(\text{mm})$

若為內接時

$\qquad\qquad C = \dfrac{m(T_1 - T_2)}{2} = \dfrac{3.5(37 - 12)}{2} = 43.75\,(\text{mm})$

範例 8-6　一對徑節為 6 之正齒輪，大齒輪為 40 齒，小齒輪為 15 齒，求中心距。

【普考】

解　已知　$P_d = 6$

若為外接時

$\qquad\qquad C = \dfrac{T_1 + T_2}{2 \times P_d} = \dfrac{40 + 15}{2 \times 6} = 4.58\,(吋)$

若爲內接時

$$C = \frac{T_1 - T_2}{2 \times P_d} = \frac{40 - 15}{2 \times 6} = 2.08 \,(吋)$$

8.5 齒輪傳動之特性

兩齒輪傳動時，兩齒接觸點之公法線，必交兩輪連心線於節圓之節點上，而此節點即相當於摩擦輪之接觸點，因此此節點 P 在傳動過程爲純滾動接觸，而其餘齒與齒間總有相對速度，故爲滑動接觸。兩正齒輪可視爲節圓所形成之摩擦輪，故角速比

$$e = \frac{N_1}{N_2} = \frac{D_2}{D_1} = \frac{mT_2}{mT_1} = \frac{T_2}{T_1}$$

即角速比與齒輪之節徑及齒數成反比。

範例 8-7 一對正齒輪，其角速比爲 $\dfrac{5}{6}$，周節爲 $1\dfrac{1}{8}$ 吋，小齒輪之齒數爲 30，試就內

外銜接兩種情形分別求出兩輪直徑及其中心距離各爲若干？ 【普考】

解 已知角速比 $\quad e = \dfrac{N_B}{N_A} = \dfrac{5}{6}$

又 $\quad P_c = \dfrac{\pi D}{T}$

$$D_A = \frac{P_c \times T_A}{\pi} = \frac{1\frac{1}{8} \times 30}{3.14} = 10.75 \,(吋)$$

$$\frac{N_B}{N_A} = \frac{D_A}{D_B} = \frac{5}{6}$$

$$D_B = \frac{6}{5} D_A = \frac{6}{5} \times 10.75 = 12.9 \,(吋)$$

若爲外接

$$C = \frac{D_A + D_B}{2} = \frac{10.75 + 12.9}{2} = 11.825 \,(吋)$$

若爲內接

$$C = \frac{D_B - D_A}{2} = \frac{12.9 - 10.75}{2} = 1.075 \,(吋)$$

8.6 擺線齒輪

1. **擺線之定義：**

   擺線分為正擺線、內擺線及外擺線。

   (1) 正擺線：一圓在一直線上滾動，則其圓周上任一點之軌跡，稱為正擺線。

   (2) 內擺線：當一小圓沿一大圓內側作圓周滾動，則小圓圓周上任一點的軌跡，稱為內擺線。

   (3) 外擺線：當 A 圓沿另一 B 圓外側作滾動時，A 圓圓周上任一點的軌跡，稱為外擺線。

2. **擺線齒形的繪製：**

   如圖 8.6-1 所示，以 A 為軸心之齒輪其節圓為 A 圓，若以圓 C_1 為擺圓所擺出之外擺線 P_t 形成齒輪之齒面，而以圓 C_2 為擺圓所擺出之內擺線 P_s 形成齒輪之齒腹，如此即形成擺線齒輪之齒形，而此曲線之公法線必通過 P 點，且為共軛曲線，故符合齒形定律。

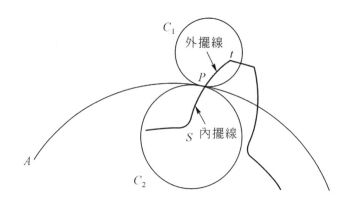

圖 8.6-1 擺線齒形的繪製

3. **擺線齒輪應注意之事項：**

   (1) 當 A、B 兩擺線齒輪互相傳動，若以滾圓 C 形成 A 之齒面(外擺線)，則必須以同樣滾圓 C 形成 B 之齒腹(內擺線)，反之亦然。

   (2) 內擺圓與外擺圓之直徑不一定要相等。

   (3) 內擺圓愈大，則擺線齒輪之齒根愈弱，故一般內擺圓直徑不要超過節圓之半徑。

   (4) 兩擺線齒輪之中心距必須保持不變。

   (5) 擺線齒輪壓力角隨時改變，故運轉時，易生振動。

8.7 漸開線齒輪

1. **漸開線之定義：**

一繃緊圍繞圓上之線，若將此線繃緊地反繞下來，則線上任一點之軌跡即稱為該圓之漸開線，如圖 8.7-1 所示。

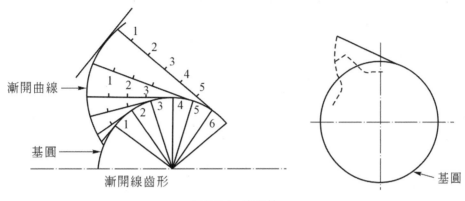

圖 8.7-1　漸開線

2. **漸開線齒輪之畫法，如圖 8.7-2 所示。**

(1) 基圓至齒冠圓之齒形是以齒輪之基圓畫出漸開線而形成。

(2) 基圓至齒根圓之齒形是以徑向輻射線形成，故此部分非共軛曲線。

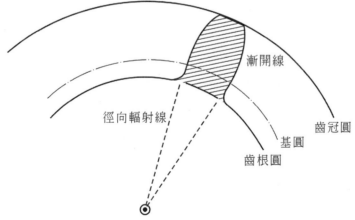

圖 8.7-2　漸開線齒輪之畫法

3. **漸開線齒輪應注意事項：**

(1) 兩齒輪的周節必須相等，即 $P_{c_1} = P_{c_2}$。

(2) 兩齒輪的模數 m 必須相等，因 $P_c = \pi \cdot m$ 若 $P_{c_1} = P_{c_2}$，則 $m_1 = m_2$。

(3) 兩齒輪的壓力角 θ 必須相等，且所有接觸點皆在壓力線上。

(4) 兩齒輪的法周節 P_n 必須相等。

定義：基圓上相鄰兩齒對應點間的弧長，稱為法周節，也等於壓力線與兩相鄰齒對應位置交點間之距離，以 P_n 表示之。故

$$P_n = \frac{\pi D_b}{T} \quad \text{(其中 } D_b \text{ 為基圓直徑)}$$

由圖 8.7-3 知，$R \cos\theta = R_b \Rightarrow D \cos\theta = D_b$

$$\therefore P_n = \frac{\pi D_b}{T} = \frac{\pi D}{T} \cos\theta$$

$$P_n = P_c \cos\theta$$

所以　$P_{c_1} = P_{c_2} \Rightarrow P_{n_1} = P_{n_2}$

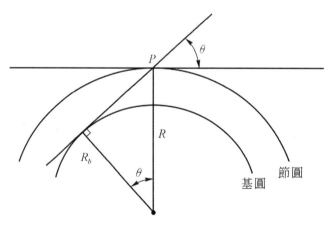

圖 8.7-3　法周節之定義

(5) 齒冠不要形成尖形。

(6) 壓力線被兩齒輪之齒冠圓所含蓋之線段為接觸點之軌跡稱為接觸線，亦稱為接觸動路。

一般漸開線齒輪傳動時須滿足：

接觸弧 ≥ 周節

接觸動路 ≥ 法周節

而此二式其中一式成立，則另一式也自然成立。

(7) 兩齒輪傳動時，應避免產生干涉。

兩齒輪之齒面(或頂點)在另外一齒之非漸開線部分(基圓至齒根圓之齒形)有接觸傳動時，因接觸部分為非共軛曲線，故傳動之基本定律將不成立，此現象稱為干涉。

① 干涉之判斷

漸開線齒輪的輪齒尖角頂不能超過另一齒輪的基圓，若超過的就發生干涉，即齒尖與接觸線的交點，不得超出相對齒輪的基圓與接觸線的交點。

如圖 8.7-4 所示，t_1、S_2 為節圓，t_2、S_1 為齒冠圓，Q_1a、Q_2b 為基圓半徑

若 $\overline{cd}$ 在 $\overline{ab}$ 之內則無干涉發生。

若 $\overline{cd}$ 有少部分超出 $\overline{ab}$ 之外即有干涉發生。

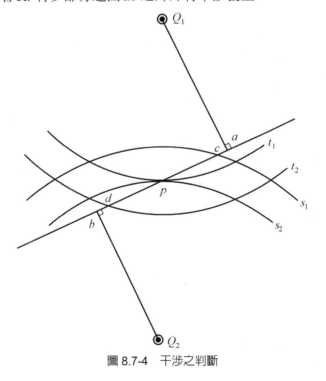

圖 8.7-4　干涉之判斷

② 防止干涉之方法

  a. 利用過切法，將齒輪中易干涉的齒腹部分削除，但齒根部分變弱。

  b. 減少齒冠高，如圖 8.7-5 所示，原齒冠圓 U_1 時，C_1 點超出 a 點，故有干涉。縮短後齒冠圓 U_2 時，C_2 點則在 a 點之內，故無干涉，所以採用短齒，可避免干涉，但作用線減少，易生噪音。

  c. 增加壓力角，如圖 8.7-6 所示
當 $\theta = \theta_1$ 則 c_1 在 a_1 之外，有干涉。
當 $\theta = \theta_2$ 則 $\theta_2 > \theta_1$ 則 c_2 在 a_2 之內，無干涉。

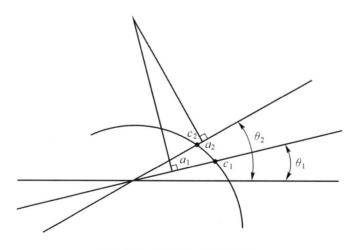

圖 8.7-5　減少齒冠高改善干涉

圖 8.7-6　增加壓力角改善干涉

d. 增加節徑(即增加齒數)

如圖 8.7-7 所示，當 $R = R_1$，C 在 a_1 之外有干涉。

當 $R = R_2$ 且 $R_2 > R_1$，C 在 a_2 之內無干涉。

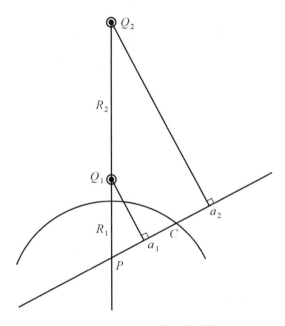

圖 8.7-7　增加齒數改善干涉

e. 將軸心外移，以增加中心距，或使用有不等的齒冠及齒根之非標準齒輪即所謂移位齒輪，可防止干涉，但齒輪無互換性。

③ 轉位齒輪

漸開線齒輪的齒數若少於特定限度製造時，刀具與加工齒輪會因過切而產生干涉現象，使齒根變弱，所以爲避免影響齒根而發展出轉位齒輪，即在齒輪切削時，故意將刀具之中心線，挪離欲被切削齒輪之節圓一位移量，此時標準齒條的節線和加工齒輪的節圓已不相切，此種齒輪即稱爲轉位齒輪，其優點有二：

a. 避免少齒數齒輪產生過切。

b. 增加齒根強度。

④ 避免干涉之最小齒數

$$T_p = \frac{2k}{\sin^2 \theta} \quad (\theta：壓力角，長齒 \ k = 1，短齒 \ k = 0.8)$$

齒輪傳動時不發生干涉之最小齒數如下：

當 $\theta = 14.5°$，長齒 $k = 1$，$T_p = \dfrac{2 \times 1}{\sin^2 14.5°} = 32$ 齒

當 $\theta = 20°$，長齒 $k = 1$，$T_p = \dfrac{2 \times 1}{\sin^2 20°} = 18$ 齒

當 $\theta = 25°$，長齒 $k = 1$，$T_p = \dfrac{2 \times 1}{\sin^2 25°} = 12$ 齒

當 $\theta = 20°$，短齒 $k = 0.8$，$T_p = \dfrac{2 \times 0.8}{\sin^2 20°} = 14$ 齒

範例 8-8　(1)一對 $20°$ 全深漸開線齒輪，角速度比 $m_\omega = 3$，$m = 5$，$N_g = 48$ 齒，原動件 N_p 小，無干涉發生，求 m_c (解析法)。

(2)大齒輪嚙合小齒輪，求小齒輪之最少齒數。　　　　　【78 高考】

解　(1) $d_g = mN_g = 5 \times 48 = 240$ mm，大齒輪之直徑

$\dfrac{n_p}{n_g} = \dfrac{N_g}{N_p} = 3 \Rightarrow N_p = \dfrac{48}{3} = 16$

$d_p = mN_p = 5 \times 16 = 80$ mm，小齒輪之直徑

$m_c = \dfrac{接觸路徑長度}{P_b} = \dfrac{\overline{A_1 B_1}}{P_b}$

$P_b = P_c \cos\phi = \pi m \cos\phi = \pi \times 5 \times \cos 20° = 14.76$ mm

$r_1 = \dfrac{d_p}{2} = 40$ mm，$r_2 = \dfrac{d_g}{2} = 120$ mm

$a_1 = a_2 = m = 5$ mm(齒冠)

$\overline{OA_1} = \overline{A_1 B} - \overline{OB} = \sqrt{(r_2 + a_2)^2 - r_2^2 \cos^2\phi} - r_2 \sin\phi$

$= \sqrt{(120 + 5)^2 - 120^2 \cos^2 20°} - 120 \sin 20° = 12.9$ mm

$\overline{OB_1} = \overline{AB_1} - \overline{OA} = \sqrt{(r_1 + a_1)^2 - r_1^2 \cos^2\phi} - r_1 \sin\phi$

$= \sqrt{(40 + 5)^2 - 40^2 \cos^2 20°} - 40 \sin 20° = 11.1$ mm

$\overline{A_1 B_1} = \overline{OA_1} + \overline{OB_1} = 12.9 + 11.1 = 24.0$ mm

$m_c = \dfrac{\overline{A_1 B_1}}{P_b} = \dfrac{24.0}{14.76} = 1.63$

(2) $N_p^2 + 2N_p N_g = \dfrac{4k}{\sin^2 \phi}(N_g + k)$，全深齒 $k=1$

$N_p^2 + 2 \times 48 N_p = \dfrac{4 \times 1}{\sin^2 20°}(48 + 1)$

$N_p^2 + 96 N_p - 1675.5 = 0 \Rightarrow N_p = 15.1$，取小齒輪之最少齒數為 16 齒。

8.8　漸開線齒輪及擺線齒輪之比較

表 8.8-1　漸開線齒輪及擺線齒輪之比較

	擺線齒輪	漸開線齒輪
製造	較難加工	易加工
互換性	差	佳
壓力角	隨時在改變	固定
干涉	無	有
磨耗	因潤滑好，故不易磨耗	因潤滑困難，故磨耗較大
效率	較佳	較差
中心距	必須正確	可改變而不影響角速比
用途	精密儀器	傳達較大的動力

8.9　齒輪之標準化及標準齒輪

　　為求製造與維修時互換之方便，齒輪各部位尺寸，如齒根、齒頂、餘隙、工作深度、齒厚、齒間等與模數或徑節間均訂定標準之比例關係稱為齒輪之標準化。

　　常用的標準齒系可分下列六種：

1. **壓力角 $14\frac{1}{2}°$ 混合齒制：**

   因其齒形曲線由漸開線及擺線混合而成故稱為混合制，為美國標準協會所核定之標準齒輪(如圖 8.9-1)。

2. **壓力角 $14\frac{1}{2}°$ 全深漸開線齒：**

   全深齒一般又稱長齒，其齒冠高為 $\dfrac{1}{P_d}$ (如圖 8.9-2)。

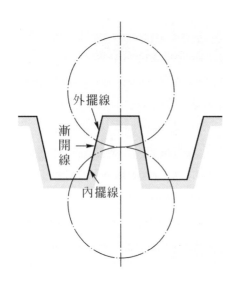

圖 8.9-1　壓力角 $14\frac{1}{2}°$ 混合齒

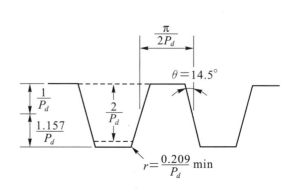

圖 8.9-2　壓力角 $14\frac{1}{2}°$ 全深漸開線齒

3. **壓力角 20° 全深漸開線齒：**

   壓力角加大，齒形變粗(如圖 8.9-3)。

4. **壓力角 20°短齒漸開線齒：**

短齒之齒冠高為 $\dfrac{0.8}{P_d}$，優點為強度較強，且因齒深減小故可避免干涉現象(如圖 8.9-4)。

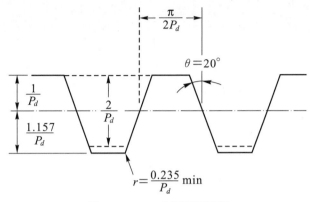

圖 8.9-3　20°全深漸開線齒

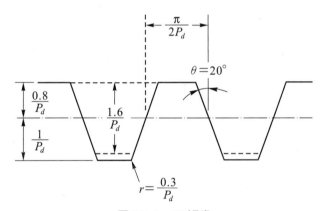

圖 8.9-4　20°短齒

5. **Fellows 短齒制：**

此種制度之徑節為一分數 $\dfrac{P_{d_1}}{P_{d_2}}$，徑節 P_{d_1} 用來計算齒輪之齒厚，齒間及節徑，而徑節 P_{d_2}

用來計算齒輪之齒冠高及齒根高，此種齒輪之強度較大且傳動時磨耗較均勻。

6. **公制齒：**

齒形大小以模數表示，常用之壓力角有 14.5°、15°、20°、22.5°、25°等，其中我國中央標準局制定採用 20°之壓力角。

表 8.9-1　標準齒輪之齒形

齒形→ 名稱↓	$14\frac{1}{2}°$ 布朗& 沙普混合制齒	$14\frac{1}{2}°$ 全長齒	20° 全長齒	20°短齒	Fellows 株狀齒	20° 公制齒
齒冠	$\dfrac{1}{P_d}$	$\dfrac{1}{P_d}$	$\dfrac{1}{P_d}$	$\dfrac{0.8}{P_d}$	$\dfrac{1}{P_{d_2}}$	1m
齒根	$\dfrac{1.157}{P_d}$	$\dfrac{1.157}{P_d}$	$\dfrac{1.157}{P_d}$	$\dfrac{1}{P_d}$	$\dfrac{1.25}{P_{d_2}}$	1.25m
齒間隙	$\dfrac{0.157}{P_d}$	$\dfrac{0.157}{P_d}$	$\dfrac{0.157}{P_d}$	$\dfrac{0.2}{P_d}$	$\dfrac{0.25}{P_{d_2}}$	0.25m
工作 深度	$\dfrac{2}{P_d}$	$\dfrac{2}{P_d}$	$\dfrac{2}{P_d}$	$\dfrac{1.6}{P_d}$	$\dfrac{2}{P_{d_2}}$	2m
齒高	$\dfrac{2.157}{P_d}$	$\dfrac{2.157}{P_d}$	$\dfrac{2.157}{P_d}$	$\dfrac{1.8}{P_d}$	$\dfrac{2.25}{P_{d_2}}$	2.25m
齒厚	$\dfrac{1.5708}{P_d}$	$\dfrac{1.5708}{P_d}$	$\dfrac{1.5708}{P_d}$	$\dfrac{1.5708}{P_d}$	$\dfrac{1.5708}{P_{d_1}}$	1.5708m
齒間	$\dfrac{1.5708}{P_d}$	$\dfrac{1.5708}{P_d}$	$\dfrac{1.5708}{P_d}$	$\dfrac{1.5708}{P_d}$	$\dfrac{1.5708}{P_{d_1}}$	1.5708m
齒根倒 角半徑	$\dfrac{0.157}{P_d}$	$\dfrac{0.209}{P_d}$	$\dfrac{0.236}{P_d}$	$\dfrac{0.3}{P_d}$	$\dfrac{0.25}{P_{d_1}}$	0.25m
齒冠圓 直徑	$\dfrac{T+2}{P_d}$	$\dfrac{T+2}{P_d}$	$\dfrac{T+2}{P_d}$	$\dfrac{T+1.6}{P_d}$	$\dfrac{T}{P_{d_1}}+\dfrac{T}{P_{d_2}}$	$m(T+2)$

[註]：P_d：徑節；P_{d_1}：第一徑節；P_{d_2}：第二徑節；m：模數。

範例 8-9 已知一齒輪 24 齒，齒冠等於 $\dfrac{1}{P_d}$，餘隙爲齒冠 $P_d = 4$ 的 $\dfrac{1}{8}$，背隙

是周節的 $\dfrac{1}{50}$。結果計算到小數三位，試計算節徑、齒冠、齒冠圓、

齒深、背隙以及齒厚及齒間的寬度。 　　　　　　　【高檢】

解 節徑 $D = \dfrac{T}{P_d} = \dfrac{24}{4} = 6$ (吋)

齒冠高 $a = \dfrac{1}{P_d} = \dfrac{1}{4} = 0.25$ (吋)

齒冠圓 $= D + 2 \times a = 6 + \left(\dfrac{1}{4} \times 2\right) = 6.5$ (吋)

餘隙 $= \dfrac{1}{8} \times a = \dfrac{1}{8} \times \dfrac{1}{4} = \dfrac{1}{32} = 0.031$ (吋)

齒深 $= a \times 2 +$ 餘隙 $= \dfrac{1}{4} \times 2 + \dfrac{1}{32} = \dfrac{17}{32} = 0.531$ (吋)

周節 $P_c = \dfrac{\pi D}{T} = \dfrac{3.14 \times 6}{24} = 0.785$ (吋)

背隙 $= \dfrac{1}{50} \times P_c = \dfrac{1}{50} \times 0.785 = 0.0160$ (吋)

齒厚 $t = \dfrac{(0.785 - 0.0157)}{2} = 0.385$ (吋)

齒間寬度 $S = t +$ 背隙 $= 0.385 + 0.016 = 0.401$ (吋)

範例 8-10 一齒採用 Fellows 短齒，其節圓直徑爲 12 吋，徑節爲 $\dfrac{4}{5}$，試求其

他各項之值。 　　　　　　　【高考】

解 已知 節徑 $D = 12$ ； $P_{d_1} = 4$ ； $P_{d_2} = 5$

齒冠 $a = \dfrac{1}{P_{d_2}} = \dfrac{1}{5} = 0.2$ (吋)

齒根 $b = \dfrac{1.25}{P_{d_2}} = \dfrac{1.25}{5} = 0.25$ (吋)

齒間隙 $= \dfrac{0.25}{P_{d_2}} = \dfrac{0.25}{5} = 0.05$ (吋)

工作深度 $= \dfrac{2}{P_{d_2}} = \dfrac{2}{5} = 0.4$ (吋)

$$齒高 = \frac{2.25}{P_{d_2}} = \frac{2.25}{5} = 0.45 \,(吋)$$

$$齒厚\, t = \frac{1.5708}{P_{d_1}} = \frac{1.5708}{4} = 0.393 \,(吋)$$

$$齒間\, S = \frac{1.5708}{P_{d_1}} = \frac{1.5708}{4} = 0.393 \,(吋)$$

$$齒根倒角半徑 = \frac{0.25}{P_{d_1}} = \frac{0.25}{4} = 0.0625 \,(吋)$$

8.10　斜齒輪

1.　**定義：**

兩傳動軸相交的圓錐形齒輪就是斜齒輪或稱傘齒輪，斜齒輪係由圓錐形摩擦輪演變而成的。

2.　**斜齒輪各部分名稱(如圖 8.10-1)：**

(1)　節圓錐：斜齒輪可以兩純滾動圓錐表示，此圓錐即稱為節圓錐。

(2)　圓錐距離：節圓錐之側高，以 H 表之。

(3)　節圓：兩節圓錐底面之圓，而兩節圓之接觸點即為節點 P。

(4)　節徑：節圓之直徑，以 D 表之。

(5)　外徑：一斜齒輪之底面齒冠圓所決定之直徑，如 AA_1。

(6)　根徑：一斜齒輪之底面齒根圓所決定之直徑，如 BB_1。

(7)　齒冠高：節圓至底面齒冠圓之距離 PA。

(8)　齒根高：節圓至底面齒根圓之距離 PB。

(9)　齒寬：齒輪面寬度。

(10)　面角：齒冠面與齒輪中心線之夾角，如 γ 角。

(11)　中心角(節角)：節圓面與齒輪中心線之夾角，如 α 角。

(12)　根角：齒根面與齒輪中心線的夾角，如 β 角。

(13)　齒冠角：節圓面與齒冠面之夾角，為 $\gamma - \alpha$。

(14)　齒根角：節圓面與齒根面之夾角，為 $\alpha - \beta$。

(15)　軸夾角：齒輪兩中心軸之夾角等於兩齒輪中心角之和，以 θ 表示。

(16) 背圓錐：節圓與底部所形成之圓錐。

(17) 背圓錐半徑：背圓錐元線的長度，即節點 P 至背圓錐中心之距離。

(18) 徑節：因斜齒輪每一個齒輪的高度或厚度均不相等，而高度與厚度又依徑節而決定，故其徑節不只一個，通常以底端的最大齒斷面的徑節為代表。

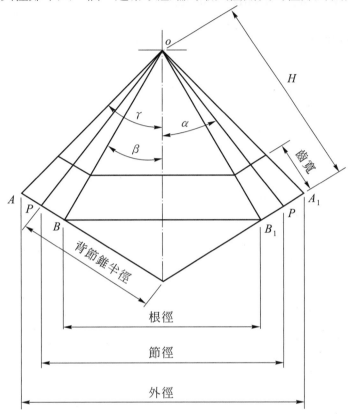

圖 8.10-1　斜齒輪各部分名稱

3. **斜齒輪的速比：**

若兩斜齒輪中心軸夾角為 θ，齒輪 A 之中心角為 α_A，齒輪 B 之中心角為 α_B，因兩斜齒的速比與正齒輪相似，即

$$e = \frac{N_A}{N_B} = \frac{T_B}{T_A} = \frac{R_B}{R_A}$$

其中　N：轉速

　　　T：齒數

　　　R：節圓半徑

若兩齒輪外接，則

$$\theta = \alpha_A + \alpha_B$$

$$e = \frac{N_A}{N_B} = \frac{R_B}{R_A} = \frac{H \sin \alpha_B}{H \sin \alpha_A} = \frac{\sin \alpha_B}{\sin \alpha_A}$$

其中　H 表圓錐距離

而　　　$\alpha_B = \theta - \alpha_A$

$$e = \frac{N_A}{N_B} = \frac{\sin(\theta - \alpha_A)}{\sin \alpha_A}$$

$$= \frac{\sin \theta \cos \alpha_A - \cos \theta \sin \alpha_A}{\sin \alpha_A}$$

$$= \frac{\sin \theta - \cos \theta \tan \alpha_A}{\tan \alpha_A}$$

$$\tan \alpha_A = \frac{\sin \theta}{\dfrac{N_A}{N_B} + \cos \theta}$$

而　　　$\alpha_B = \theta - \alpha_A$

若兩輪內接，則

$$\theta = \alpha_A - \alpha_B \quad , \quad e = \frac{N_A}{N_B} = \frac{\sin \alpha_B}{\sin \alpha_A}$$

同理可得

$$\tan \alpha_A = \frac{\sin \theta}{\cos \theta - \dfrac{N_A}{N_B}}$$

若 $\cos \theta < \dfrac{N_A}{N_B}$ ，則

$$\tan \alpha_A = \frac{\sin \theta}{\dfrac{N_A}{N_B} - \cos \theta}$$

範例 8-11 兩斜齒輪外接,其中心軸夾角 θ 為 90°,兩齒輪的速度比為 $\frac{1}{2}$,求

兩齒輪的中心角 α_A 及 α_B。

解 已知 $\theta = \alpha_A + \alpha_B = 90°$, $\frac{N_A}{N_B} = \frac{1}{2}$

$$\tan \alpha_A = \frac{\sin \theta}{\dfrac{N_A}{N_B} + \cos \theta} = \frac{\sin 90°}{\dfrac{1}{2} + \cos 90°} = 2$$

$\alpha_A = \tan^{-1} 2 = 63.4°$

$\alpha_B = 90° - 63.4 = 26.6°$

範例 8-12 令使用一對傘齒輪傳動,已知模數 m 為 10,主動齒輪 T_A 為 60,

轉速 N_A 為 800rpm,從動齒數 T_B 為 30,求主動齒輪直徑 D_A,圓錐

角 θ_A(度)從動齒輪之轉速 N_B,直徑 D_B,圓錐角 θ_B(度)。設軸間角 ε

= 90°。 【80 丙等特考】

解 $m = \dfrac{D}{T} \Rightarrow 10 = \dfrac{D_A}{60}$, $D_A = 600$ mm

$10 = \dfrac{D_B}{30}$, $D_B = 300$ mm

$\dfrac{N_A}{N_B} = \dfrac{T_B}{T_A} \Rightarrow N_B = N_A \dfrac{T_A}{T_B} = 800 \times \dfrac{60}{30} = 1600$ rpm

$\theta_A = \tan^{-1} \dfrac{T_A}{T_B} = \tan^{-1} \dfrac{60}{30} = 63.43°$

$\theta_B = \tan^{-1} \dfrac{T_B}{T_A} = \tan^{-1} \dfrac{30}{60} = 26.57°$

8.11　螺旋齒輪

1. **定義：**

   齒形斜繞於軸心而成一螺旋線所成之齒輪，又稱為正扭齒輪，可分左旋與右旋兩種。傳動時由每一齒前端到後端逐漸受力，負荷也由一齒逐漸移轉至另一齒，其分力有三：

   (1) 軸向推力。

   (2) 推動從動輪旋轉之分力。

   (3) 轉軸壓力之分力。

2. **螺旋齒輪之優缺點：**

   (1) 優點

   ① 螺旋齒輪較易連續接觸，不易發生間斷，所以衝擊力小、噪音小。

   ② 螺旋齒輪較粗大，故齒形較堅固，可傳動較大動力。

   ③ 在同樣節徑及徑節時，螺旋齒輪的齒數可較小，變數可較大，當螺旋齒輪的齒數可減少到只剩一齒，即所謂的蝸桿。

   ④ 適於高速傳動機構。

   (2) 缺點

   ① 因傳動時有軸向推力，故其軸承設計較不易。

   ② 螺旋齒輪既可作兩個互相平行軸間的傳動，並亦可做兩個不在同一平面軸間的傳動。

   ③ 製造成本高。

8.12　蝸桿與蝸輪

1. **定義：**

   不相交而相互垂直之兩根軸線，而轉動之轉速比較高時通常採用蝸桿與蝸輪，蝸桿為主動件，蝸輪為從動件，且不能逆轉。

2. **轉速比：**

   當蝸桿每轉動一周(單線螺紋)必推動蝸輪旋轉一齒，若蝸桿為雙線螺紋，則每轉一周必推動蝸輪旋轉兩個齒。

   故轉速比 $e = N_{桿} / N_{輪} = T_{輪} / n$($n$ 為蝸桿螺紋開頭數)

3. **使用蝸輪組的優點：**

(1) 能傳達甚高的轉速比，可從 40～500 rpm。

(2) 不易逆轉，此性質用於起重機時非常重要。

(3) 噪音小。

(4) 兩軸成垂直。

4. **蝸桿蝸輪的轉向可依下圖 8.12-1 所示判定：**

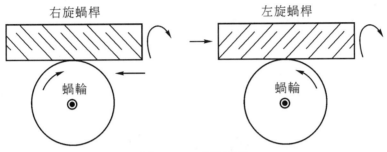

圖 8.12-1　蝸桿蝸輪

*8.13　齒輪之製造

齒輪之製造方法有下列幾種：

1. 衝製：厚度不超過 16 mm 之薄形齒輪，如鐘錶用之齒輪。

2. 鑄造：

(1) 砂模鑄造：大型且低速之齒輪。

(2) 壓鑄：小型且輕負荷。

3. 粉末冶金：適用於小齒輪。

4. 擠製：可製出齒輪之胚料或完工後的整形。

5. 輪磨：以齒輪形輪廓之砂輪磨出所需之齒面曲線。

6.　機製：以各種刀具及工具機作切削製造。

(1)　造形齒法：以欲製齒輪之齒形曲線相同形狀之切削刀具切製齒輪之方法，如圖 8.13-1。

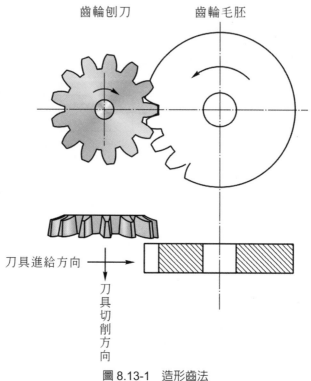

齒輪刨刀　　　　　齒輪毛胚

刀具進給方向

刀具切削方向

圖 8.13-1　造形齒法

①　鉋床鉋製。

②　拉床拉製。

③　銑床銑製。

在相同徑節和相同壓力角情形下，因齒數的多少不同而應該用不同外形的型銑刀，如此一來應該有無窮多把才可以，但這樣銑刀費用太貴了，所以共簡化成 8 把銑刀，每把所能銑之齒數如表 8.13-1：

表 8.13-1

銑刀號碼	1	2	3	4	5	6	7	8
能銑齒數	12～13	14～16	17～20	21～25	26～34	35～54	55～134	135～∞

(2) 樣板切齒法：如圖 8.13-2 適合鉋切大尺寸傘齒輪。

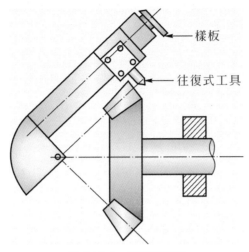

樣板

往復式工具

圖 8.13-2　樣板切齒法

(3) 創生刀具法：將銑刀之齒形製成能與欲製齒輪相嚙合之形狀來切製齒輪者。

① 齒輪鉋床。

② 滾齒機。

③ 齒條刀創生法。

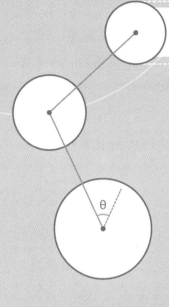

第九章

輪系

9.1 輪系與輪系值

1. **輪系機構之定義：**

   係由三個或三個以上之齒輪、皮帶輪或摩擦輪各自接合或混合組成，而傳動的機構謂之輪系。最先迴轉之一輪稱爲原動輪，最後迴轉之一輪稱爲從動輪。

2. **轉速比與輪系值：**

   (1) 轉速比：輪系中最初原動輪之轉速 N_1 與最後一輪從動輪之轉速 N_F 比值稱爲該輪系之轉速比。即

   $$e = \frac{N_1}{N_F}$$

   (2) 輪系值：在普通輪系中，最末輪的角速度 N_F 與首輪的角速度比 N_1，稱爲輪系值。以 i 表示定心輪系之輪系值爲轉速比之倒數。即

   $$i = \frac{1}{e} = \frac{N_F}{N_1}$$

   i 値爲正時，表 N_F 與 N_1 轉向相同。
   i 値爲負時，表 N_F 與 N_1 轉向相反。
   $|i| > 1$ 表示此輪系爲增速。
   $|i| < 1$ 表示此輪系爲減速。

9.2 輪系之分類

1. 以接觸情形分：可分爲直接接觸及間接接觸兩種。
   (1) 直接接觸：即必須藉輪之直接接觸始能傳動者，如摩擦輪系、齒輪系等。
   (2) 間接接觸：即必須藉中介物之連接始能傳動者，如皮帶輪系、鏈輪系等。
2. 以傳動情形分：可分爲確切傳動和不確切傳動兩種。
   (1) 確切傳動：此種輪系傳動時轉速比正確、不打滑，如齒輪系、鏈輪系。
   (2) 不確切傳動：此種輪系傳動時會打滑，故轉速比不確切，如摩擦輪系、皮帶輪系。

3. 以軸上輪之數目分：可分為單式及複式兩種。

(1) 單式輪系：在一輪系中，如每一軸只安裝一輪者，稱為單式輪系。

(2) 複式輪系：在一輪系中，同一軸有兩個或兩個以上之輪一起旋轉者。

4. 以軸心相對運動而分：可分為定心輪系、周轉輪系及線移輪系。

(1) 定心輪系：各輪之旋轉軸線固定，故稱為定心輪系，又稱為普通輪系，一般傳送旋轉運動輪系，多屬定心輪系。

(2) 周轉輪系：齒輪系中至少有一輪之軸線繞另一輪之軸線迴轉，故又稱為行星輪系。

(3) 線移輪系：一個輪之軸心固定而另一輪之軸心作線形移動者，如滑輪機構(此種輪系留至第十三章再討論)。

9.3 定心輪系

此輪系可分為單式定心輪系及複式定心輪系二種：

1. **單式定心輪系：**

每一軸只安裝一輪且其旋轉軸線始終固定，如圖 9.3-1 所示，A 為第一個原動輪，C 為最後一個從動輪，除 A 輪及 C 輪以外之各輪皆為惰輪如 B 輪。

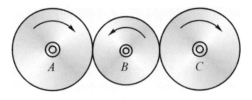

圖 9.3-1　單式定心輪系

(1) 輪系值

$$i_{AC} = \frac{N_C}{N_A} = \frac{T_A}{T_C} = \frac{D_A}{D_C}$$

其中　N：轉速
　　　T：齒數
　　　D：節徑

(2) 惰輪之功用

　① 改變轉向：若惰輪數為偶數個，則輪系值為負，若惰輪數為奇數個，則輪系值為正。

　② 節省空間：因惰輪不影響輪系值，故可將二個大齒輪換成數個小齒輪之輪系。

2. **複式定心輪系：**

在輪系中，同一軸有兩個或兩個以上之輪一起旋轉者且所有的轉軸線皆固定。如圖 9.3-2 所示，B、C 兩齒輪在同一軸上，此軸稱為中間軸。

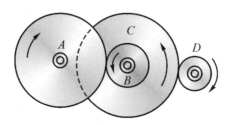

圖 9.3-2　複式定心輪系

(1) 輪系值

$$i_{AD} = \frac{N_D}{N_A} = \frac{T_A \times T_C}{T_B \times T_D}$$

在圖 9.3-2 中 A、C 皆為原動輪，B、D 皆為從動輪。

(2) 中間輪之功用

　① 改變轉向：若中間軸數為偶數個，則輪系值為負，若中間軸數為奇數個，則輪系值為正。

　② 改變轉速：中間輪之齒數會影響輪系值。

　③ 節省空間。

(3) 回歸輪系(reverted train)

如圖 9.3-3 所示為複式輪系，其中 A、D 二輪軸線成一直線，但非同一軸，又稱背齒輪系，其用途有二：

　① A、D 成一直線，方便於其他零件之安裝。

　② 減速比大，適於重負荷。

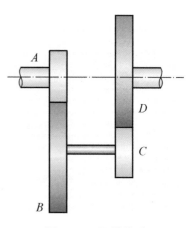

圖 9.3-3　回歸輪系

範例 9-1 如下圖中，A、B、C 三軸上有 2、3、4、5 四個齒輪所組成之複式齒輪系，若 A 為首輪，其轉速為 100 rpm，則 C 軸上之輪 5 其轉速為若干？

【普考】

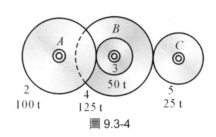

圖 9.3-4

解 先求輪系值再求轉速

$$i = \frac{100 \times 125}{50 \times 25} = 10$$

$N_5 = 100 \times 10 = 1000(\text{rpm})$

答 輪 5 轉速為 1000 rpm，方向與 A 軸相同。

範例 9-2 一回歸輪系，如下圖所示，$T_A = 18$ 齒、$T_B = 72$ 齒、$T_C = 15$ 齒、$T_D = 75$ 齒，求輪系值 i_{AD}。

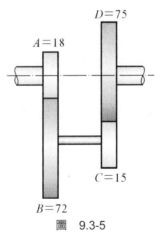

圖　9.3-5

解

$$i_{AD} = \frac{T_A \times T_C}{T_B \times T_D} = \frac{18 \times 15}{72 \times 75} = \frac{1}{20}$$

因 $|i_{AD}| < 1$，故為減速輪系。

範例 9-3　如下圖所示之複式輪系，$N_A = 25$ rpm(順)，求輪系值 i_{AD} 及 D 輪轉速

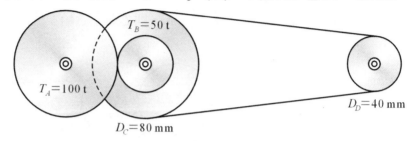

$T_B = 50$ t

$T_A = 100$ t

$D_C = 80$ mm

$D_D = 40$ mm

圖 9.3-6

解　$i_{AD} = \dfrac{-T_A \times T_C}{T_B \times T_D} = \dfrac{-100 \times 80}{50 \times 40} = -4$

$i_{AD} = \dfrac{N_D}{N_A} = \dfrac{N_D}{25} = -4$

$N_D = -100$ rpm(與 A 輪轉向相反)

即　$N_D = 100$ rpm(逆)

範例 9-4　兩完整之正齒輪可行連續運動，先欲使一完整齒輪作間歇運動，試繪二種方法。　【73 高考】

解　(1) 間歇凸輪：可使等速回轉運動產生間歇運動。

　　①A 為主動等速度旋轉凸輪。

　　②B 為從動齒輪，且有完整的齒。

　　③A 轉動一周，B 被 A 帶動一齒。

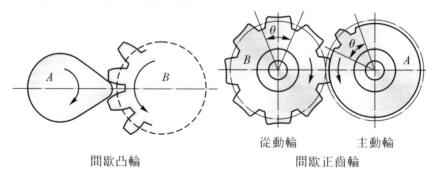

間歇凸輪　　　　　間歇正齒輪

(2) 間歇齒輪：一對具有不完全齒數之齒輪，當主動齒輪作連續旋轉運動時，從動齒輪作間歇旋轉運動。

常用的間歇齒輪有三種，間歇正齒輪如圖所示：

①應用於兩軸互相平行時。

②間歇齒輪機構，通常不完整齒數之齒輪作主動輪，而具有完整齒數之齒輪作從動輪。

③間歇齒輪機構於傳動中易生振動，故不適於高速旋轉。

9.4　周轉輪系

　　周轉輪系可分為單式周轉輪系、複式周轉輪系及斜齒輪周轉輪系三種。

1.　單式周轉輪系：

　　如圖 9.4-1 所示，有一旋臂 m 支持 B 軸繞 A 軸迴轉，因所有軸皆只有一個齒輪，故為單式周轉輪系。

輪系值　$i_{AB} = \dfrac{N_B - N_m}{N_A - N_m} = \dfrac{-T_A}{T_B}$

上式中 N 若順時針，則為正，反之則為負。

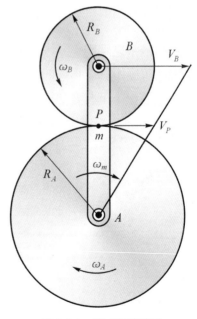

圖 9.4-1　單式周轉輪系

證：B 軸之切線速度

$$V_B = \omega_m \times AB$$
$$= \omega_m \times (R_A + R_B) \quad\dotfill\quad (1)$$

節點 P 之切線速度

$$V_P = \omega_A \times R_A \quad\dotfill\quad (2)$$

由圖 9.4-1 知

$$\omega_B = \frac{V_B - V_P}{BP} = \frac{V_B - V_P}{R_B} \quad\dotfill\quad (3)$$

將(1)(2)式代入(3)式得

$$\frac{\omega_B - \omega_m}{\omega_A - \omega_m} = -\frac{R_A}{R_B} = -\frac{T_A}{T_B}$$

$$\Rightarrow \frac{N_B - N_m}{N_A - N_m} = -\frac{T_A}{T_B}$$

故得證。

2. **單式周轉輪系之應用：**

周轉輪系可應用於小馬達的減速輪系(圖 9.4-1(a))，它可以在較小的空間中得到較高的減速比，可有效提高小馬達(圖 9.4-1(b))的輸出扭矩。

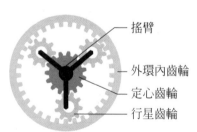

搖臂
外環內齒輪
定心齒輪
行星齒輪

圖 9.4-1(a)小馬達的週轉輪系

馬達
減速輪系

圖 9.4-1(b)減速小馬達。

範例 9-5 如圖 9.4-2 所示之周轉輪系，$N_m = +4$ rpm，$N_A = -6$ rpm，求 $N_B = $ ？

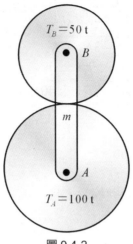

圖 9.4-2

解 已知 $i_{AB} = \dfrac{N_B - N_m}{N_A - N_m} = -\dfrac{T_A}{T_B}$

$$\dfrac{N_B - 4}{-6 - 4} = -\dfrac{100}{50} = -2$$

$$N_B - 4 = +20$$

$$N_B = 24 \text{ rpm}$$

範例 9-6 如圖 9.4-3，齒輪 3 固定，臂繞一軸旋轉，3 固定於此軸，若 2 之轉速為 5 的絕對轉速的 3 倍，方向相反，求 2 之齒數。 【普考】

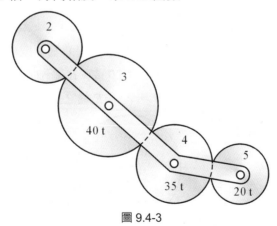

圖 9.4-3

解 已知　$N_2 = -3N_5$(因 N_2 與 N_5 為反向旋轉)

$$i_{35} = \frac{N_5 - N_m}{N_3 - N_m} = \frac{N_5 - N_m}{0 - N_m} = \frac{T_3}{T_5} = \frac{+40}{20} \Rightarrow N_5 = -N_m$$

$$i_{23} = \frac{N_3 - N_m}{N_2 - N_m} = \frac{0 + N_5}{-3N_5 + N_5}$$

$$= \frac{N_5}{-2N_5} = \frac{-1}{2} = -\frac{T_2}{T_3} = -\frac{T_2}{40}$$

$$\therefore T_2 = 20(齒)$$

3. **複式周轉輪系：**

如圖 9.4-4 所示，為一周轉輪系，且有 B、C 二輪同軸，所以也是複式輪系，故稱為複式周轉輪系。

$$輪系值\ i_{AD} = \frac{N_D - N_m}{N_A - N_m} = \frac{T_A \times T_C}{T_B \times T_D}$$

上式中 N(順)為正，N(逆)為負。

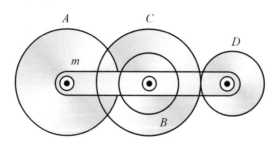

圖 9.4-4　複式周轉輪系

範例 9-7　如 9.4-5 圖所示，B、C、D、E，四齒輪組成一周轉輪系，B 為 100 齒、C 為 50 齒、D 為 80 齒、E 為 20 齒、B 輪軸固定，若 B 依順時針方向旋轉 6 次，D 依反時針方向 9 次，求 E 輪之迴轉次數及轉向。　　　　【普考】

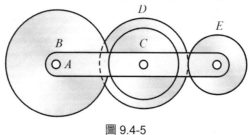

圖 9.4-5

解 因 $N_C = N_D$

$$i_{BC} = \frac{N_C - N_m}{N_B - N_m} = \frac{-T_B}{T_C}$$

$$\frac{-9 - N_m}{6 - N_m} = -\frac{100}{50}$$

$$N_m = +1$$

又 $i_{BE} = \frac{N_E - N_m}{N_B - N_m} = \frac{T_B \times T_D}{T_C \times T_E}$

$$\frac{N_E - 1}{6 - 1} = \frac{100 \times 80}{50 \times 20}$$

$$N_E = +41(轉) \cdots\cdots 正爲順時針方向$$

範例 9-8　有一減速齒輪箱如圖 9.4-6 所示。輸入軸與齒輪 A 相連，輸出軸與齒輪 H 相連，臂 R 與齒輪 B 相連，齒輪 E 固定於外殼，齒輪 C 與齒輪 G 相連，各齒輪附寫數字爲其齒數。若輸入軸轉速 $n_A = 3600$ 轉／每分(rpm)。

(1)請計算輸出軸轉速 n_H(轉／每分)

(2)說明旋轉方向(相同或相反)。　　　　　　　　　　　　【77 高考】

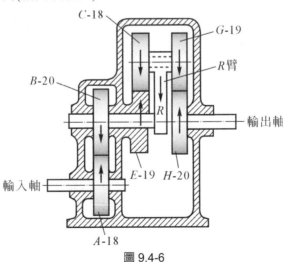

圖 9.4-6

解　$N_B = N_A \times \dfrac{T_A}{T_B} = 3600 \times \dfrac{18}{20} = 3240 = N_R$

$e_{EH} = \dfrac{N_H - N_R}{N_E - N_R} = \dfrac{T_E \times T_G}{T_C \times T_H}$

$\dfrac{N_H - N_B}{0 - N_B} = \dfrac{19 \times 19}{18 \times 20} = \dfrac{N_H - 3240}{0 - 3240}$ ，$N_H = -9$

輸出軸轉向與 R 臂相反，即與輸入軸同相。

4.　**斜齒周轉輪系：**

如圖 9.4-7 所示，即為一最簡單之斜齒周
轉輪系，其原理與正齒輪之周轉輪系相
同，其轉向之判斷如圖箭號所示，要特別
注意。

輪系值　$i_{AD} = \dfrac{N_D - N_m}{N_A - N_m} = \dfrac{-T_A \times T_C}{T_B \times T_D}$

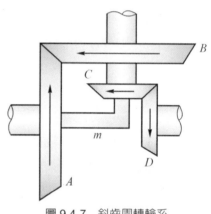

圖 9.4-7　斜齒周轉輪系

範例 9-9　　如圖 9.4-8 所示之斜齒周轉輪系，若 $N_A = 0$，$N_D = 50$ rpm，求 $N_m = ?$

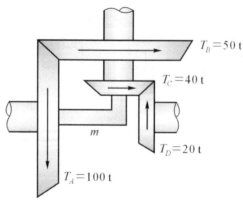

圖 9.4-8

解 $i_{AD} = \dfrac{N_D - N_m}{N_A - N_m} = \dfrac{-T_A \times T_C}{T_B \times T_D}$

$\dfrac{50 - N_m}{0 - N_m} = \dfrac{-100 \times 40}{50 \times 20}$

$N_m = 10(\text{rpm})$

範例 9-10 斜齒周轉輪系常應用於汽車差速器，如圖 9.4-9 所示，簡述之。

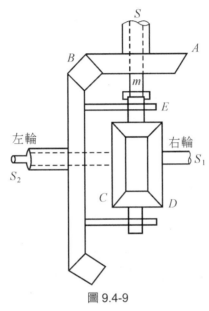

圖 9.4-9

解 汽車後輪軸若做成整根軸，則車身勢必無法轉彎，因當車身左轉時，左輪 S_2 之轉速少、右輪 S_1 轉速多，反之亦然，故必須以差速器將後輪軸做成 S_1、S_2 兩段。

(1) 若汽車直線前進時

則引擎動力 $S \to A \to B \to E$，再由 E 分配動力於 C、D，此時 S_1、S_2 轉速相同。

(2) 當汽車轉彎時

$i_{CD} = \dfrac{N_D - N_m}{N_C - N_m} = -1$，$N_C + N_D = 2N_m$

設 $N_m =$ 常數，則 $N_C + N_D =$ 常數

若左轉時 $N_C < N_D$，即 $S_2 < S_1$。

若右轉時 $N_C > N_D$，即 $S_2 > S_1$。

9.5 輪系之計畫

在計畫輪系時應注意下列幾點：

1. 為避免使用過大的齒輪或太少齒之齒輪，前者太佔空間，後者易生干涉。

2. 若 $\frac{1}{6} < |i| < 6$ 儘量採用單式輪系，否則用複式輪系。

3. 複式輪系中，各段變速愈接近愈有利於傳動。

4. 齒數種類愈簡單愈方便於裝配。

範例 9-11 計畫一個輪系值為 $+16$，使齒數在 12 與 60 之間。

解 $i = 16 > 6$，故採用複式輪系

$$i = 16 = 4 \times 4 = \frac{4}{1} \times \frac{4}{1}$$

因 $12 < $ 齒數 < 60

$$i = \frac{4}{1} \times \frac{4}{1} = \frac{48}{12} \times \frac{48}{12}$$

$$\text{or} \quad \frac{52}{13} \times \frac{52}{13} \quad \text{or} \quad \frac{56}{14} \times \frac{56}{14} \quad \text{or} \quad \frac{60}{15} \times \frac{60}{15}$$

以上四組皆可，但為避免齒數太少產生干涉，故用 $\frac{60}{15} \times \frac{60}{15}$，如圖 9.5-1 所示。

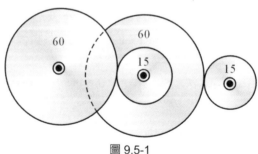

圖 9.5-1

範例 9-12 計畫一個輪系值 $i = -24$，使齒數在 15 與 75 之間。

解 $|i| = 24 > 6$，故採用複式輪系。

令　$i = \dfrac{x}{1} \times \dfrac{24}{x}$

已知 15 < 齒數 < 75，故單式輪系之 $i_{max} = \dfrac{75}{15} = 5$

即　$\dfrac{x}{1} \leq 5$，$x \leq 5$

　　$\dfrac{24}{x} \leq 5$，$x \geq 4.8$

即　$4.8 \leq x \leq 5$ 取 $x = 5$

　　$i = \dfrac{5}{1} \times \dfrac{24}{5} = \dfrac{75}{15} \times \dfrac{72}{15}$

因題中之 i 為負，故須在原動輪與從動輪間再加一個任意齒數之惰輪，一般取與從動輪相同齒數即可。

如圖 9.5-2 所示：

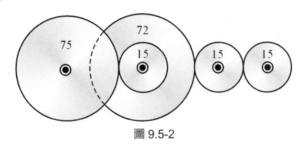

圖 9.5-2

[註]：惰輪之齒數亦有工程師取與從動輪齒數少一齒或多一齒，而形成所謂的追逐齒，即每轉一圈即差一齒，故每圈皆為不同之齒相接觸，如此可使齒輪之磨耗較均勻。

範例 9-13 如下圖的回歸輪系裡，設 4 個齒輪的徑節相同，且 B 之迴轉速為 A 之轉速的 19 倍，請把 4 齒輪的齒數計算出來，其中最大的齒輪齒數不可大於 65，最小的不可少於 10。 【高考】

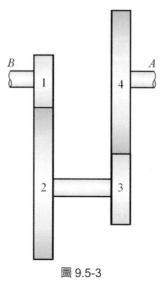

圖 9.5-3

解　$i = \dfrac{N_A}{N_B} = \dfrac{1}{19} = \dfrac{5}{19} \times \dfrac{1}{5}$

第一組取

$$\dfrac{T_1}{T_2} = \dfrac{5}{19} \quad\quad\quad\quad\quad\quad\quad\quad\quad\quad\quad\quad\quad\quad\quad\quad\quad (1)$$

第二組取

$$\dfrac{T_3}{T_4} = \dfrac{1}{5} \quad\quad\quad\quad\quad\quad\quad\quad\quad\quad\quad\quad\quad\quad\quad\quad\quad (2)$$

回歸輪系

$$C = \dfrac{T_1 + T_2}{2P_d} = \dfrac{T_3 + T_4}{2P_d}$$

$\therefore T_1 + T_2 = T_3 + T_4 \quad\quad\quad\quad\quad\quad\quad\quad\quad\quad\quad\quad\quad\quad (3)$

由(1)(2)(3)式得 $t_1(5+19) = t_2(1 + 5)$

取　$t_1 = 1$，$t_2 = 4$

即第一組乘 1；第二組乘 4 才能滿足(3)式

$$i = \dfrac{1}{19} = \dfrac{5}{19} \times \dfrac{1 \times 4}{5 \times 4} = \dfrac{5}{19} \times \dfrac{4}{20}$$

但 $10 \leq$ 齒數 ≤ 65

故

$$i = \frac{T_1}{T_2} \times \frac{T_3}{T_4}$$

$$= \frac{5 \times 3}{19 \times 3} \times \frac{4 \times 3}{20 \times 3}$$

$$= \frac{15}{57} \times \frac{12}{60}$$

即 $T_1 = 15$ 齒、$T_2 = 57$ 齒、$T_3 = 12$ 齒、$T_4 = 60$ 齒。

範例 9-14 如圖 9.5-4，一 4 齒輪的回歸輪系欲減速，輪系值為 $\frac{2}{7}$，試安排一輪系滿

足此要求。齒數不得少於 15 齒，第一對之齒輪之徑節為 4，第二對徑節為

3，儘量使二對所縮減的速度相同。　　　　　　　　　　　　【高檢】

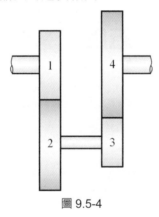

圖 9.5-4

解　$i = \frac{2}{7} = \frac{4}{7} \times \frac{1}{2}$

第一對取

$\frac{T_1}{T_2} = \frac{4}{7}$ .... (1)

第二對取

$\frac{T_3}{T_4} = \frac{1}{2}$ .... (2)

又回歸輪系

$$C = \frac{T_1 + T_2}{2P_{d1}} = \frac{T_3 + T_4}{2P_{d2}}$$

$$\frac{T_1 + T_2}{2 \times 4} = \frac{T_3 + T_4}{2 \times 3}$$

$3(T_1 + T_2) = 4(T_3 + T_4)$ .... (3)

將(1)(2)代入(3)⇒$3t_1(7 + 4) = 4t_2(1 + 2)$

$11t_1 = 4t_2$

即第 1 組乘 4，第 2 組乘 11

$$i = \frac{4 \times 4}{7 \times 4} \times \frac{1 \times 11}{2 \times 11} = \frac{16}{28} \times \frac{11}{22}$$

但齒數 ≥ 15 齒

$$i = \frac{16 \times 2}{28 \times 2} \times \frac{11 \times 2}{22 \times 2} = \frac{32}{56} \times \frac{22}{44}$$

即 $T_1 = 32$、$T_2 = 56$、$T_3 = 22$、$T_4 = 44$。

9.6　輪系之應用

1. **起重輪系：**

   以複式輪系所組成之減速輪系，因為可以省力，故可用此作為起重輪系，但機械效率不如蝸桿蝸輪，常用於平交道的手搖柵欄。

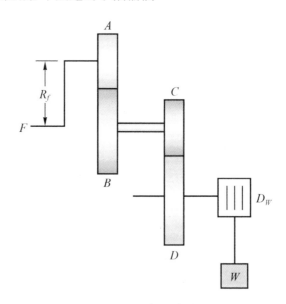

圖 9.6-1　起重輪系

如圖 9.6-1 所示之起重輪系。

輪系值 $i_{AD} = \dfrac{N_D}{N_A} = \dfrac{T_A \times T_C}{T_B \times T_D}$

又輸入功率 = 輸出功率

$$D_F = 2R_f$$

$$F \cdot V_F = W \cdot V_W$$

$$\frac{F}{W} = \frac{V_W}{V_F} = \frac{\pi D_W N_W}{\pi D_F N_F} = \frac{D_W}{D_F} \times \frac{N_W}{N_F} = \frac{D_W}{D_F} \times \frac{T_A \times T_C}{T_B \times T_D}$$

範例 9-15 一起重機輪系,如圖 9.6-2 所示,若 W 為 1600 磅之重物,曲柄 R 之長為 15 吋,捲筒 D_W 為 15 吋,設機械效率為 50%,則欲吊起重物所需之力 F 為若干?

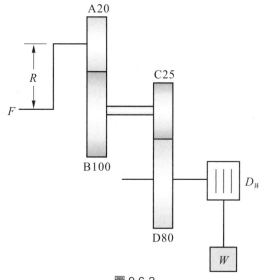

圖 9.6-2

解
$$i_{AD} = \frac{T_A \times T_C}{T_B \times T_D} = \frac{20 \times 25}{100 \times 80} = \frac{1}{16}$$

$$\frac{F}{W} = \frac{D_W}{D_F} \times \frac{1}{16} = \frac{15}{30} \times \frac{1}{16} = \frac{1}{32}$$

因效率為 50%

$$F = W \times \frac{1}{32} \times \frac{1}{0.5} = 1600 \times \frac{1}{32} \times 2 = 100 \ (\text{lb})$$

----

2. **掛鐘輪系：**

如圖 9.6-3 所示為一掛鐘輪系。

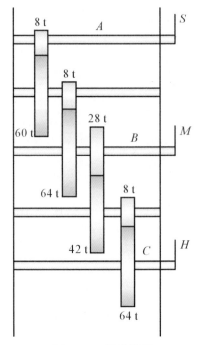

圖 9.6-3 掛鐘輪系

(1) 當秒針 $S(A$ 軸)轉一周一分鐘，故分針 $M(B$ 軸)轉 $\frac{1}{60}$ 周。即輪系值

$$i_{SM} = \frac{N_M}{N_S} = \frac{8 \times 8}{64 \times 60} = \frac{1}{60}$$

(2) 當分針 $M(B$ 軸)轉一周為一小時，故時針 $H(C$ 軸)轉 $\frac{1}{12}$ 周。即輪系值

$$i_{MH} = \frac{N_H}{N_M} = \frac{28 \times 8}{42 \times 64} = \frac{1}{12}$$

3. **三檔之汽車變速輪系：**

   如圖 9.6-4 所示為三檔之汽車用變速輪系，另加倒車檔，齒輪 A、D 套在傳動軸 P 上，可以空轉，且齒輪 A 為動力輸入齒。齒輪 K 和 G 以鍵與 P 軸相連，可在 P 軸上左右滑動，且可經由鍵帶動 P 軸旋轉。齒輪 K 左右各有 T 及 U 之外齒輪可分別與 A 之 S 及 D 之 V 內齒輪嚙合；齒輪 H 左右各有 X 及 Y 之外齒輪可分別與 G 之 W 及 R 之 Z 內齒輪嚙合，而齒輪 B、C、E、F 分別以鍵固定在 M 軸上，齒輪 I 為惰輪，則：

   (1) 空檔：A 在 P 軸上空轉，如圖 9.6-4(a)。

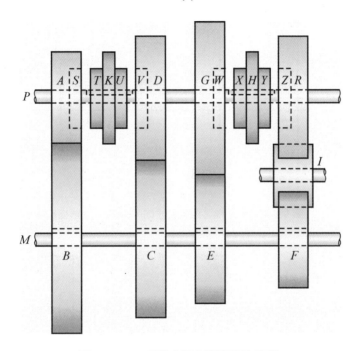

圖 9.6-4(a)　三檔之汽車變速輪系(空檔)

(2)　一檔(低速檔)$A \to B \to E \to G + W \to X + H \to P$ 軸，如圖 9.6-4(b)。

(3)　二檔 $A \to B \to C \to D + V \to V + K \to P$ 軸，如圖 9.6-4(c)。

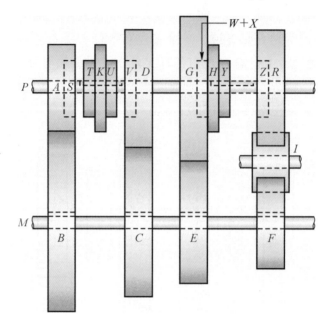

圖 9.6-4(b)　三檔之汽車變速輪系(一檔；低速檔)

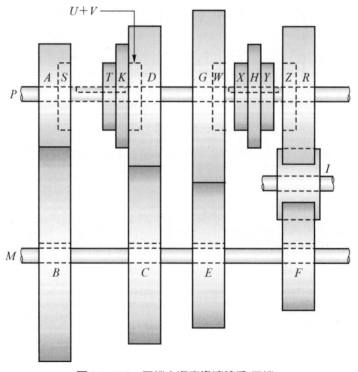

圖 9.6-4(c)　三檔之汽車變速輪系(二檔)

(4) 三檔(高速檔)$A+S \rightarrow T+K \rightarrow P$ 軸，如圖 9.6-4(d)。

(5) 倒車檔 $A \rightarrow B \rightarrow F \rightarrow I$(惰輪)$\rightarrow R+Z \rightarrow Y+H \rightarrow P$ 軸(轉向相反)，如圖 9.6-4(e)。

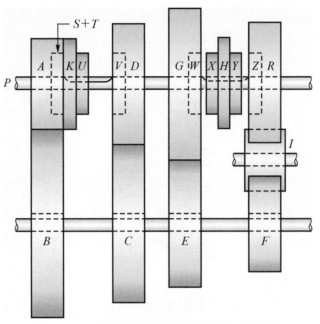

圖 9.6-4(d)　三檔之汽車變速輪系(三檔；高速檔)

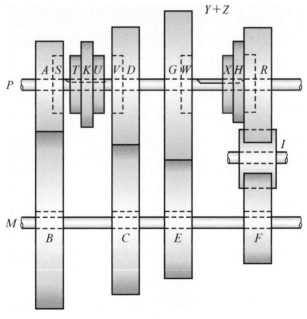

圖 9.6-4(e)　三檔之汽車變速輪系(倒車檔)

4. **換向輪系：**

如圖 9.6-5 所示為換向輪系，主要是利用惰輪數目的改變，以達到改變轉向之目的：

(1) 如圖 9.6-5(a)所示，原動輪 A 與從動輪 D 間經一個惰輪 C，故 A、D 同向。

(2) 如圖 9.6-5(b)所示，A 與 D 間經二個惰輪 B、C，故 A、D 反向。

(3) 如圖 9.6-5(c)所示，A 與 D 未接觸，故 A 空轉，D 不轉。

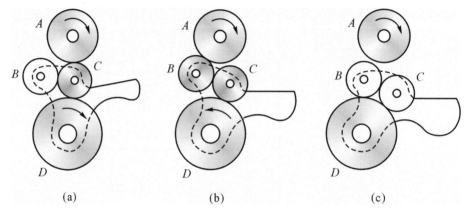

(a)   (b)   (c)

圖 9.6-5 換向輪系

5. **切螺旋的輪系：**

如圖 9.6-6 所示，在車床上切削螺紋，利用導螺桿自動進刀，而導螺桿與主軸間以輪系控制兩者間之轉速比，故可車出不同螺距之螺紋，另外兩者間利用換向輪系來控制其轉向，轉向相同時，車右旋螺紋，轉向相反時車左旋螺紋。

∵工件之加工距離＝車刀前進之距離

∴ $N_1 \times P_1 = N_D \times P_D$

$$\frac{N_1}{N_D} = \frac{P_D}{P_1} = \frac{T_D}{T_S}$$

其中 N_1：夾工件主軸之轉速 P_D：導螺桿之螺距

         N_D：導螺桿之轉速 T_D：導螺桿齒輪

         P_1：工件螺距 T_S：柱齒輪

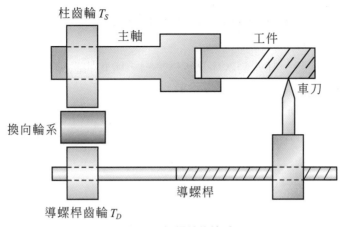

柱齒輪 T_S

主軸

工件

車刀

換向輪系

導螺桿

導螺桿齒輪 T_D

圖 9.6-6　切螺紋的輪系

範例 9-16 有一車床其導螺桿之螺絲為每吋 2 牙，今擬車一螺紋其螺距為 6 mm，問其主軸及導螺桿上齒輪之齒數為若干？　　　　　　【高考】

解
$$\frac{T_D}{T_S} = \frac{P_D}{P_1} = \frac{\dfrac{25.4}{2}}{6} = \frac{127}{60}$$ （也可用複式輪系）

∴柱齒輪 T_S = 60 齒

　導螺桿齒輪 T_D = 127 齒

範例 9-17 說明差動齒輪箱之結構及其運作原理。　　　　　　【79 高考】

解
如圖 9.6-7 所示之汽車傳動系統中所用的斜齒輪差速器(bevel gear differential)，亦為斜齒輪周轉輪系的一種應用，它可作為汽車左右轉向時之左右軸轉速的自動調整。當左轉時，左輪胎走之半徑小，右輪胎所走半徑大，因此右輪要比左輪快；若右轉彎時，左輪之轉速要比右輪快。

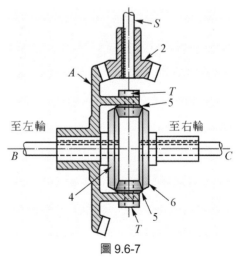

S

2

A

T

5

至左輪

至右輪

B

C

4

6

5

T

圖 9.6-7

圖中之 S 軸是由汽車引擎傳來之動力，斜齒輪 2 與 S 軸相連，2 與斜齒輪 A 配合，A 套於在斜齒輪 4 之軸 B 上，4 與 B 軸相連，直到左後輪軸上，A 的突出部分裝

有短軸 T，5 在 T 軸上自由轉動，5 與斜齒輪 6 配合，6 與 C 軸為一體，左右輪之轉速相同。

當汽車直線前進時，其傳動次序為 $S \rightarrow 2 \rightarrow A$，所有的齒輪與 A 為一體而旋轉，左右輪軸之轉速相同。

第十章

摩擦輪傳動機構

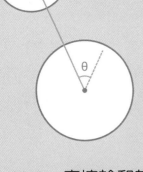

10.1　摩擦輪和其傳送動力

1.　**摩擦輪：**

軸之迴轉運動藉兩輪之滾動接觸直接將動力傳達於另一軸,此種直接由滾動接觸將一軸之迴轉運動傳達於另一軸之兩輪,謂之摩擦輪,當載荷甚輕,速度甚高之運動,宜採用摩擦輪。

但若從動軸之載荷超過一定限度時,則易發生滑脫現象。

範例 10-1 利用摩擦輪傳達動力其優劣點如何?　　　　　　　　　　　　　【普考】

解 摩擦輪是完全利用滾動接觸傳達兩輪間之動力,其優點為:

(1)　摩擦輪中,若從動輪遇到較大之載荷時,則會產生滑脫,而不至於損壞機件。

(2)　摩擦輪裝置簡單、噪音小。

其缺點為:

(1)　由於二輪間之摩擦力有限,故不能傳達太大之動力。

(2)　容易發生滑脫現象,故速比不精確。

範例 10-2 普通摩擦輪主動輪的輪軸面,比從動輪的輪面,襯較軟的材料,何故?

解 因為若載荷很大時,兩者有滑脫現象,因此兩輪間的接觸面會被磨耗,若主動輪硬,從動輪軟時,主動輪轉一圈,從動輪各部分的磨耗並不均勻,傳達動力便無法圓滑;而若主動輪面用軟材料,從動輪面用硬材料,則主動輪轉一圈,所受的磨損非常均勻,故普通摩擦輪主動輪面較軟。

2.　**摩擦輪傳送之動力：**

$$W(功) = F \cdot S \quad (F:作用力;S:力方向所作位移)$$

$$P(功率) = \frac{W}{t} = \frac{F \cdot S}{t} = F \cdot V$$

(1) 公制馬力(PS)

$\because$ 切線速度 $V = \pi DN$

摩擦力 $F = \mu n$

$$P.S = \frac{F \cdot V}{4500} = \frac{\pi DN \cdot \mu \cdot n}{4500} \quad (N：rpm)$$

$$= \frac{\pi DN \cdot \mu \cdot n}{75} \quad (N：rps)$$

D：直徑(m)，N：迴轉速，μ：摩擦係數，n：正壓力(kg)

(2) 英制馬力(HP)

$$HP = \frac{F \cdot V}{33000} = \frac{\pi DN \cdot \mu \cdot n}{33000} \quad (N：rpm)$$

$$= \frac{\pi DN \cdot \mu \cdot n}{550} \quad (N：rps)$$

D：直徑(ft)；N：迴轉速；μ：摩擦係數；n：正壓力(lb)

(3) 單位換算

1 HP = 550 ft-lb/s = 33000 ft-lb/min = 1.014 PS

1 PS = 75 kg-m/s = 4500 kg-m/min = 0.986 HP

1 PS = 0.7355 kW

3. **摩擦輪機構應用**

如圖 10.1-1 利用一組或數組上下轉向相反的摩擦輪可推送直棒材料。如圖 10.1-2 上面一個滾輪，下面兩個滾輪則可形成一滾圓機構，例如腳踏車鋁合金輪框即是以此方式滾出，兩端再以插銷結合即成型。

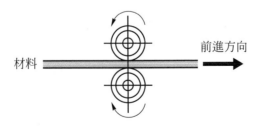

圖 10.1-1　摩擦輪直線送料機構

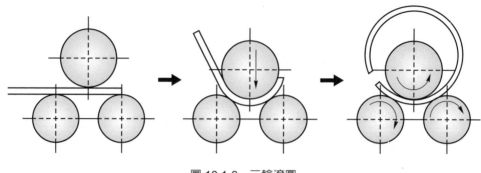

圖 10.1-2　三輪滾圓

範例 10-3 一圓柱形摩擦輪之直徑為 36 吋，每分鐘迴轉 720 次，於接觸處所加之壓力為 500 磅，摩擦係數為 0.25，則其所傳達之馬力若干？　　　【普考】

解 已知　$D = 36'' = \dfrac{36}{12} = 3 \text{ 呎}$

　　　$N = 720 \text{ rpm}$

　　　$n = 500 \text{ 磅}$

　　　$\mu = 0.25$

　　　$\text{HP} = \dfrac{\pi D N \cdot \mu \cdot n}{33000} = \dfrac{3.14 \times 3 \times 720 \times 0.25 \times 500}{33000} = 25.7 (\text{HP})$

10.2　外切圓柱形摩擦輪

　　當兩輪軸之中心線在同一平面，而且互相平行時，則可用圓柱形摩擦輪來傳動。若兩輪的迴轉方向相反，則採用外切圓柱形摩擦輪。

　　如圖 10.2-1 所示，即是一個外切圓柱形摩擦輪，A 為主動輪，兩輪之中心距為 C，因兩輪接觸點 P 之速度相同，所以

$$V_a = V_b$$
$$\because V_a = \pi D_a N_a$$
$$V_b = \pi D_b N_b$$
$$\therefore \pi D_a N_a = \pi D_b N_b$$
$$\frac{N_a}{N_b} = \frac{D_b}{D_a}$$

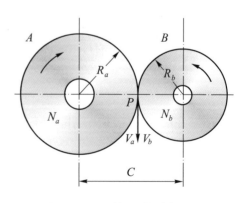

圖 10.2-1　外切圓柱形摩擦輪

設原動輪為 A，從動輪為 B，
ω_a 為 A 之角速度，ω_b 為 B 之角速度

$$e(速比) = \frac{\omega_a}{\omega_b} = \frac{N_a}{N_b} = \frac{D_b}{D_a} = \frac{R_b}{R_a}$$

$$C = R_a + R_b$$

$$\because e = \frac{R_b}{R_a}$$

$$C = R_a + (eR_a)$$

$$C = R_a(1 + e)$$

$$\Rightarrow R_a = \frac{C}{1+e} = \frac{C}{1+\dfrac{N_a}{N_b}}$$

同理　　$R_b = C - R_a = \dfrac{C}{1+\dfrac{N_b}{N_a}} = \dfrac{C}{1+\dfrac{1}{e}}$

10.3　內切圓柱形摩擦輪

當兩輪軸之中心線在同一平面，而且互相平行，則可用圓柱形摩擦輪來傳動。若兩輪的迴轉方向相同，則採用內切圓柱形摩擦輪。

如圖 10.3-1 所示，中心距為 C，兩輪接觸點 P 之速度相同，所以

$$V_a = V_b$$

$$e(速比) = \frac{N_a}{N_b} = \frac{D_b}{D_a} = \frac{R_b}{R_a}$$

$$C = R_a - R_b = R_a - eR_a = R_a(1 - e)$$

$$R_a = \frac{C}{1-e}$$

同理　　$R_b = \dfrac{C}{1-\dfrac{1}{e}} = \dfrac{C}{1-\dfrac{N_b}{N_a}}$

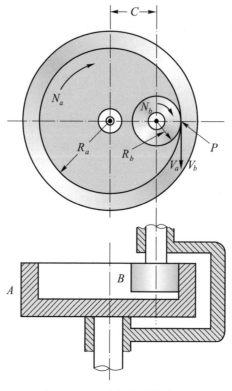

圖 10.3-1　內切圓柱摩擦輪

範例 10-4 一對圓柱形摩擦輪傳達迴轉運動於中心距離為 720 吋之平行軸間，且使轉速比成 $\dfrac{1}{3}$，試分別用計算法及圖解法求兩輪外切及內切時之各輪半徑。

【高考】

解 (1) 計算法：

已知：$C = 720$ 吋，$e = \dfrac{1}{3}$

①兩輪外切時

$$C = R_a + R_b$$

$$R_a = \frac{C}{1+e} = \frac{720}{\left(1+\dfrac{1}{3}\right)} = 540$$

$$720 = 540 + R_b$$

$$R_b = 180 \ \text{吋}$$

②兩輪內切時

$C = R_a - R_b$

$R_a = \dfrac{C}{1-e} = \dfrac{720}{1-\dfrac{1}{3}} = 1080\,吋$

$720 = 1080 - R_b$

$R_b = 360\,吋$

(2)　圖解法：

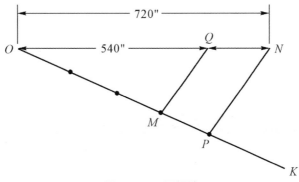

圖 10.3-2　圖解法

①外切時

(a)取 $\overline{ON} = 720\,吋 = C$。

(b)自 O 點劃一斜線 $\overline{OK}$。

(c)在 $\overline{OK}$ 上取 $\overline{OM} = 3$ 單位，$\overline{MP} = 1$ 單位（$\because \dfrac{R_b}{R_a} = \dfrac{1}{3}$）。

(d)連接 $\overline{PN}$。

(e)過 M 點作 $\overline{PN}$ 之平行線交 $\overline{ON}$ 於 Q 點，則

　$\overline{OQ} = R_a = 540\,吋$。

　$\overline{QN} = R_b = 180\,吋$。

②內切時

(a)取 $\overline{ON} = C = 720\,吋$。

(b)自 O 點畫一斜線 $\overline{OK}$。

(c)在 $\overline{OK}$ 上取 $\overline{OM} = 3$ 單位，$\overline{MS} = 1$ 單位（$\because \dfrac{N_a}{N_b} = \dfrac{1}{3}$）。

(d)從 M 點連接 N 點。

(e)從 S 點畫 $\overline{MN}$ 之平行線交 $\overline{ON}$ 延長線於 P 點。

(f)則 $\overline{OP} = R_a = 1080\,吋$，$\overline{PN} = R_b = 360\,吋$。

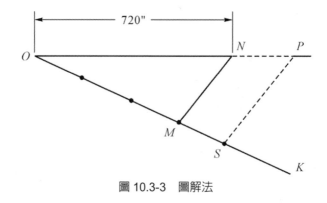

圖 10.3-3　圖解法

10.4 圓錐形摩擦輪

當兩傳動軸中心線在同一平面，但不平行，而互成一定角度時，可利用圓錐體(cone)或截頭錐體之摩擦輪傳動如圖 10.4-1、10.4-2 所示，此種利用尖頭圓錐或截頭圓錐之摩擦輪統稱為圓錐形摩擦輪。

1. 兩輪外切接觸時，若兩傳動軸夾角 θ，兩圓錐角之半頂角分別為 α 及 β，兩輪在 P 點成滾動接觸，則

$$V_a = V_b$$

$$\therefore e(速比) = \frac{N_a}{N_b} = \frac{D_b}{D_a} = \frac{R_b}{R_a}$$

$$\because R_a = \overline{OP}\sin\alpha \ , \ R_b = \overline{OP}\sin\beta$$

$$\therefore \frac{N_a}{N_b} = \frac{\overline{OP}\sin\beta}{\overline{OP}\sin\alpha} = \frac{\sin\beta}{\sin\alpha}$$

(轉速與半頂角之正弦成反比)

$$\because \theta = \alpha + \beta(\alpha < \theta \ , \ \beta < \theta)$$

$$\frac{N_a}{N_b} = \frac{\sin\beta}{\sin\alpha} = \frac{\sin(\theta-\alpha)}{\sin\alpha} = \frac{\sin\theta\cdot\cos\alpha - \cos\theta\cdot\sin\alpha}{\sin\alpha}$$

$$\frac{N_a}{N_b} = \frac{\sin\theta - \cos\theta\cdot\tan\alpha}{\tan\alpha}$$

$$\frac{N_a}{N_b} \cdot \tan\alpha = \sin\theta - \cos\theta \cdot \tan\alpha$$

$$\left(\frac{N_a}{N_b} + \cos\theta\right)\tan\alpha = \sin\theta$$

$$\tan\alpha = \frac{\sin\theta}{\dfrac{N_a}{N_b} + \cos\theta}$$

同理　　　$\because (\beta = \theta - \alpha)$

$$\tan\beta = \frac{\sin\theta}{\dfrac{N_b}{N_a} + \cos\theta}$$

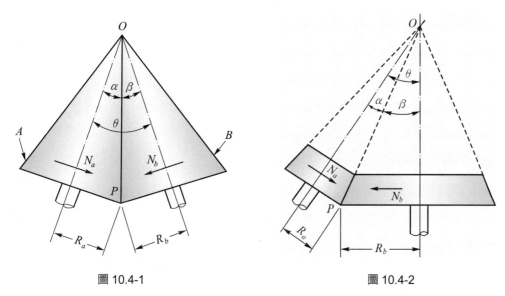

圖 10.4-1　　　　　　　　　　　　圖 10.4-2

圓錐形摩擦輪

2. 若 θ 角增加，但角速率之比不變，若將 α 增加到 90°則一輪變成圓盤，轉向相反如圖 10.4-3 所示，若將 θ 角增加，當 α > 90°則兩輪由外切轉成內切但轉向仍相反，如圖 10.4-4。

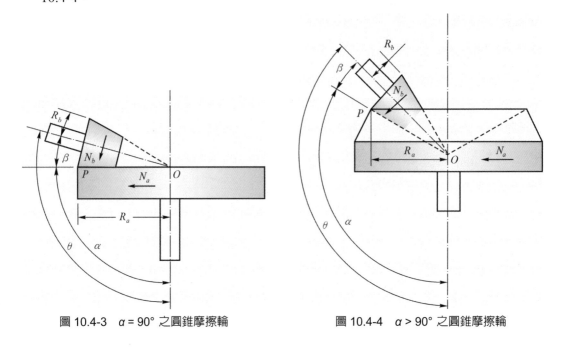

圖 10.4-3 α = 90° 之圓錐摩擦輪　　　圖 10.4-4 α > 90° 之圓錐摩擦輪

內切接觸時，如圖 10.4-5 所示。

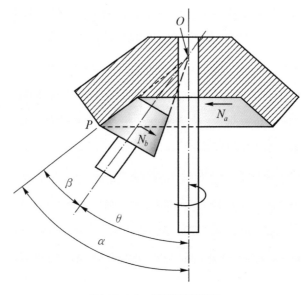

圖 10.4-5 內切之摩擦輪

已知　$\theta = \alpha - \beta$，$R_b = \overline{OP}\sin\beta$，$R_a = \overline{OP}\sin\alpha$

$$\therefore \frac{N_a}{N_b} = \frac{R_b}{R_a} = \frac{D_b}{D_a} = \frac{\sin\beta}{\sin\alpha}$$

由已知　$\alpha = \theta + \beta$

$$\frac{N_a}{N_b} = \frac{\sin\beta}{\sin\alpha} = \frac{\sin\beta}{\sin(\theta + \beta)}$$

$$= \frac{\sin\beta}{\sin\theta \cdot \cos\beta + \sin\beta \cdot \cos\theta}$$

$$\frac{N_a}{N_b} = \frac{\tan\beta}{\sin\theta + \tan\beta \cdot \cos\theta}$$

$$\frac{N_b}{N_a} = \frac{\sin\theta + \tan\beta \cdot \cos\theta}{\tan\beta}$$

$$\frac{N_b}{N_a}\tan\beta = \sin\theta + \tan\beta \cdot \cos\theta$$

$$\tan\beta\left(\frac{N_b}{N_a} - \cos\theta\right) = \sin\theta$$

$$\therefore \tan\beta = \frac{\sin\theta}{\dfrac{N_b}{N_a} - \cos\theta}$$

同理　$\because \beta = \alpha - \theta$

$$\therefore \tan\alpha = \frac{-\sin\theta}{\dfrac{N_a}{N_b} - \cos\theta}$$

3. **圖解法：**

(1) 外接圓錐

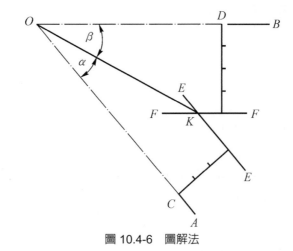

圖 10.4-6　圖解法

設已知速比

$$\frac{N_a}{N_b} = \frac{4}{3} \quad , \quad \therefore \frac{N_a}{N_b} = \frac{R_b}{R_a} = \frac{4}{3}$$

作法：(a)在 $\overline{OA}$ 及 $\overline{OB}$ 軸上取兩點 C、D。

　　　(b)經過此兩點分別做各軸垂線(依比例取 3 單位及 4 單位)。

　　　(c)作 $\overline{EE}$，$\overline{FF}$ 且平行於 $\overline{OA}$ 及 $\overline{OB}$ 軸。

　　　(d)得其交點 K，連接 $\overline{OK}$。

　　　(e)即得圓錐角 α 及 β。

(2) 內接圓錐

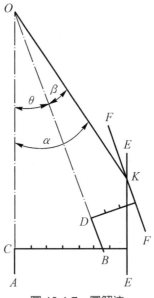

圖 10.4-7　圖解法

設 $\dfrac{N_b}{N_a} = \dfrac{7}{3}$

作法：(a)在 $\overline{OA}$ 及 $\overline{OB}$ 軸上各取 2 點 C、D。

(b)經過此二點分別做 $\overline{OA}$ 及 $\overline{OB}$ 之垂線(依比例取 7 單位及 3 單位)。

(c)作 $\overline{EE}$，$\overline{FF}$ 且平行於 $\overline{OA}$ 及 $\overline{OB}$ 軸。

(d)$\overline{EE}$，$\overline{FF}$ 相交於 K 點。

(e)作 $\overline{OK}$，即得 α 及 β。

範例 10-5 如果兩圓錐形輪的中心線相交的角度是 45 度，成外切接觸，其中原動件 A 的轉速為每分鐘 200 轉，從動件的轉速是每分鐘 400 轉，A 的錐底到它的頂點是 $1\dfrac{1}{2}$ 吋，試求 A 與 B 的兩個圓錐角各為多少度？ 【普考】

解 設 A 的圓錐角為 α，B 的圓錐角為 β，則 $\theta = \alpha + \beta = 45°$(外切)

又 $\tan \beta = \dfrac{\sin \theta}{\left(\dfrac{N_B}{N_A}\right) + \cos \theta}$

$\tan \alpha = \dfrac{\sin \theta}{\left(\dfrac{N_A}{N_B}\right) + \cos \theta}$

$\tan \beta = \dfrac{\sin 45°}{\left(\dfrac{400}{200}\right) + \cos 45°}$

$\tan \beta = \dfrac{0.707}{2 + 0.707}$

$\tan \beta = 0.261$

$\beta = 14.6°$

$\alpha = \theta - \beta = 45° - 14.6° = 30.4°$

10.5　變速摩擦傳動機構

1. **盤形摩擦輪(平盤與滾子)：**

   如圖 10.5-1 所示，大圓輪 A 叫做圓盤，小圓輪 B 叫做滾子，在實用上常以滾子 B 為主動，圓盤 A 為從動，因此滾子 B 之質料必須為軟性材料，P 點為圓盤與滾子接觸點且為純粹滾動接觸。其變速方法是撥移 C，使 R_a 改變，結果會使 S 軸轉速改變，若滾子超過 S 軸後，則滾子保持原來轉向而圓盤會反向迴轉，其速比

$$e = \frac{N_b}{N_a} = \frac{R_a}{R_b} \quad (R_b \text{ 固定} \text{，} R_a \text{ 可增減})$$

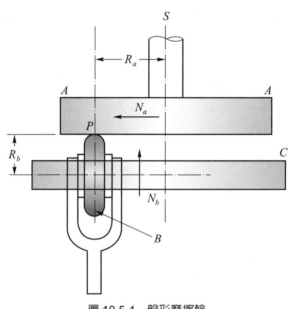

圖 10.5-1　盤形摩擦輪

範例 10-6 摩擦輪之裝置如圖 10.5-2 所示，若 S 軸之角速度為 T 軸之三倍，滾子 R 之中心距 S 軸、T 軸之距離若干？

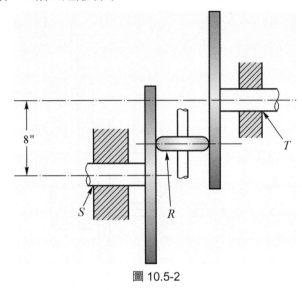

圖 10.5-2

解 已知　$\omega_S = 3\omega_T$

又　$\dfrac{\omega_S}{\omega_T} = \dfrac{R_T}{R_S} = 3$，$\therefore R_T = 3R_S$

又　$R_T + R_S = 8$

$\therefore R_S = 2$

$R_T = 6$

即滾子 R 之中心位置離 S 軸 $2''$，離 T 軸 $6''$。

範例 10-7　如圖 10.5-3 所示，A、B 兩軸距離 20 公分，如 A 軸每分 200 轉，B 軸每分 80 轉，則轉輪 C 之位置應如何？　　　　　　　【普考】

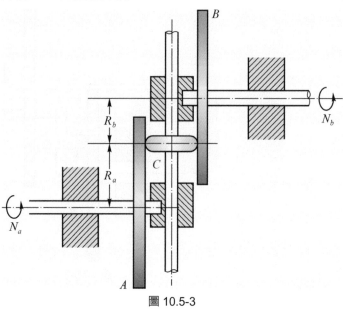

圖 10.5-3

解　已知　$N_a = 200$ rpm

$N_b = 80$ rpm

中心距 $C = R_a + R_b = 20$ cm

因 A、B 兩輪是藉 C 輪傳動，因此此兩輪與 C 輪之接觸點切線速度必相等

$\therefore R_a \omega_a = R_b \omega_b$

即　$\dfrac{\omega_a}{\omega_b} = \dfrac{N_a}{N_b} = \dfrac{R_b}{R_a}$

$\therefore \dfrac{R_a}{R_b} = \dfrac{N_b}{N_a} = \dfrac{80}{200} = \dfrac{2}{5}$

又　$R_a = \dfrac{2}{5} R_b$ .... (1)

$R_a + R_b = C = 20$ .... (2)

(1)代入(2)

$\Rightarrow R_b = 14.3$ cm

$R_a = 5.7$ cm

轉輪 C 之位置離 A 軸應為 5.7 公分，離 B 軸應為 14.3 公分。

---

2. **聯動兩相交軸線的球面與圓柱面：**

如圖 10.5-4 所示，一球 S 與一圓柱 T(滾子)在 P 點接觸，T 的旋轉軸線可以圍繞 S 的球心擺動。由於 T 的軸線位置不同，P 的位置也隨著改變，故可使 R_a 改變。

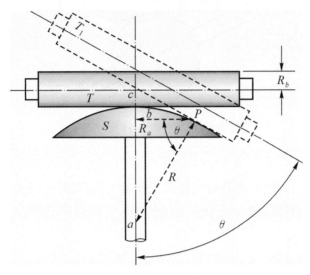

圖 10.5-4　聯動兩相交軸線的圓柱面

$$\frac{\omega_b}{\omega_a} = \frac{N_b}{N_a} = \frac{R_a}{R_b} = \frac{R\cos\theta}{R_b} \quad (\theta：兩輪之夾角)$$

當 T 輪與 S 輪之接觸點在 S 軸之右側時，則 T 輪的旋轉方向正好與左側者相反，這種傳動的摩擦輪只能適於小的力量。所以均用在精確的小型儀器上，一方面可以隨時改變方向，另一方面又可隨時改變速度。

3. **連動兩相交軸線的球面與球面：**

聯動兩相交軸線的球面如圖 10.5-5，兩球 A、B 在 P 點接觸，兩輪轉軸為 S_1，S_2，若 S_1，S_2 之夾角 θ 不同，則接觸點 P 也不同，如此 R_a 就會改變，故可得到不同的角速比

$$\frac{\omega_a}{\omega_b} = \frac{R_b}{R_a} = \frac{R_b}{R\cos\theta}$$

用於兩軸相交而須改變速比及轉向的場合(當 $\theta = 0$，角速比最小)。

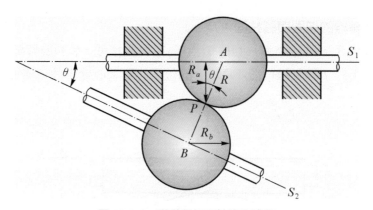

圖 10.5-5　聯動兩相交軸線的球面

4. **相等橢圓輪：**

如圖 10.5-6 所示，兩相等橢圓輪各以其焦點之一為轉軸作純粹滾動接觸，其接觸點 P 沿兩軸中心連線改變位置，故 $Q_2P + Q_4P = Q_2Q_4 = C$(中心距)，又兩輪在接觸點 P 之線速度相等。

故　$\dfrac{\omega_2}{\omega_4} = \dfrac{Q_4P}{Q_2P}$

所以在迴轉中，P 之位置改變，則兩軸之轉速亦隨之改變。

當 $Q_2P = Q_4P$ 時，$\omega_2 = \omega_4$(轉一圈有二次)。

當 $Q_2P = Q_2a_1$ 時，$Q_4P = Q_4b$，ω_4 最快(轉一圈一次)。

當 $Q_2P = Q_2a$ 時，$Q_4P = Q_4b_1$，ω_4 最慢(轉一圈一次)。

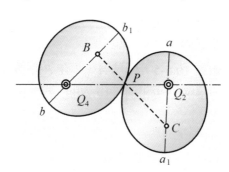

圖 10.5-6　相等橢圓輪

5. **尹氏圓錐形摩擦輪：**

(1) 如圖 10.5-7 所示，A、B 兩圓錐體完全相同，兩軸相互平行中間有一環形皮帶 C，A、B 兩輪以調整螺絲使其壓緊，以傳遞力量。當皮帶 C 左右移動時可調節其輸出速率。

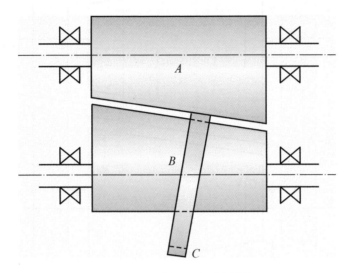

圖 10.5-7　尹氏圓錐形摩擦輪

(2) 如圖 10.5-8，設圓錐成圓錐形小端半徑為 R_0，大端半徑為 R_1 長為 L 滾子中心距左端為 X，A 與滾子的接觸半徑為 R_a，B 與滾子接觸半徑為 R_b 則

$$R_a = \frac{R_1 X + R_0 (L - X)}{L}$$

$$R_b = \frac{R_0 X + R_1 (L - X)}{L}$$

故角速比

$$e = \frac{\omega_a}{\omega_b} = \frac{R_b}{R_a} = \frac{LR_1 - (R_1 - R_0)X}{LR_0 + (R_1 - R_0)X}$$

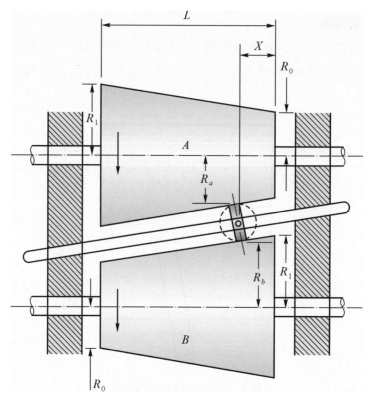

圖 10.5-8 圓錐形摩擦輪

如圖 10.5-9 為另一種圓錐無段變速機構。

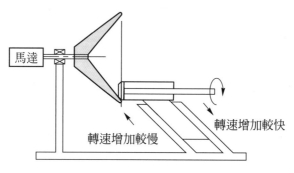

圖 10.5-9 圓錐變速機構

10.6 凹槽摩擦輪

凹槽摩擦傳動機構乃利用楔形槽配合而成之摩擦輪,如圖 10.6-1,其目的在增加接觸面之摩擦力,摩擦力愈大可帶動更大之負荷迴轉,凹槽兩邊所成之角度大約在 30°至 40°之間,若大於 40°則槽之效果大減,若小於 30°則彼此相嵌過緊,會消耗更多的動力。此種摩擦輪多由生鐵製成,多用於礦場之起重機械及『迴轉式泵』之原動部分,此類機械起動時常發生陡震由於兩輪間已非純滾動接觸,而有滑動發生,此時滑動可吸收部分起動時之振動,故反而有利。

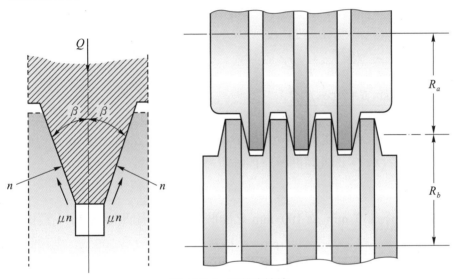

圖 10.6-1 凹槽摩擦輪

凹槽摩擦輪其接觸面的下壓力 n 並不直接作用於軸上,設軸間壓力為 Q,凹溝為 2β,當兩輪相互接合時,會有正壓力 n 與摩擦力 μn,如圖 10.6-1(a),在垂直方向力平衡

$$Q = 2n\sin\beta + 2\mu n\cos\beta = 2n(\sin\beta + \mu\cos\beta)$$

$$2n = \frac{Q}{\sin\beta + \mu\cos\beta}$$

假設楔與槽之中間線上各點在兩輪上的速度相等,中點在中間線上,傳動的摩擦力 $F = 2\mu n$。

則傳動功率

$$PS = F \cdot V = 2\mu n \cdot V = \frac{\mu \cdot V \cdot Q}{\sin\beta + \mu\cos\beta}$$

範例 10-8 何謂凹槽摩擦輪？其目的何在？

解 (1) 凹槽摩擦輪是摩擦輪的一種，其特徵為兩輪間有對應之凹槽。

(2) 其目的在減低輪面所受之壓力，及增加接觸面積，減少輪面之摩擦損失，與 V 型皮帶之道理相同。

範例 10-9 凹槽摩擦輪比無凹槽摩擦輪於傳動相等之力時，輪所需之正壓力較少，何故？

解 假設摩擦輪所傳動之摩擦力 F、Q 為凹槽之正壓力，Q' 為無凹槽摩擦之正壓力，μ 為摩擦係數 β 為凹槽所成之角度。

$$F = \frac{\mu Q}{\sin\beta + \mu\cos\beta} = Q'$$

$$Q = \frac{(\sin\beta + \mu\cos\beta)Q'}{\mu}$$

一般凹槽兩邊夾角約在 30°～40°(即 $\beta = 15°～20°$)且 $\mu < 1$，使 $\sin\beta + \mu\cos\beta$ < 1，故此時 $Q < Q'$ 即此時凹槽摩擦輪所需之正壓力較小。

範例 10-10 直徑 330 mm 及 100 mm 之兩個凹槽摩擦輪凹槽為 30°，擬傳達迴轉運動，小輪之轉速 900 rpm，兩輪接觸之正壓力為 200 kg，兩輪間之摩擦係數為 0.2，求其最大傳達力及最大傳達馬力？ 【普考】

解 $\mu = 0.2$，$\beta = \dfrac{30°}{2} = 15°$

$$F = \frac{Q\mu}{\sin\beta + \mu\cos\beta} = \frac{200 \times 0.2}{\sin 15° + 0.2 \times \cos 15°} = \frac{40}{0.26 + 0.19} = 88.89 \text{ kg}$$

最大馬力

$$L = \frac{F \cdot V}{75} = \frac{F}{75} \times \frac{0.1\pi \times 900}{60} = 1.19 \times 4.71 = 5.6 \text{ PS}$$

第十一章

撓性傳動機構

11.1 撓性傳動機構之定義

　　只要是柔軟的，且只能傳達拉力而不能傳達推力者都算是撓性聯接物，以撓性聯接物傳達動力之機構，即為撓性傳動機構。當兩軸距離很遠，若採用齒輪或摩擦輪傳動都不適宜，此時就得採用撓性傳動機構。

　　常用撓性聯接物可分為下列三種：

1. **皮帶(Belt)：**

　　通常用牛皮、橡膠或鋼絲製成，分為平皮帶、V 型皮帶及定時皮帶。其最經濟之線速度為 1350 m/min。

2. **繩(Rope)：**

　　繩用麻、綿或鋼絲製成，所傳遞之線速度不超過 180 m/min。

3. **鏈(Chain)：**

　　鏈由金屬環所組成裝置在鏈輪或有齒的輪上，鏈之線速度決定於鏈的型式，如滾子鏈其線速度為 300～600 m/min，無聲鏈為 450～540 m/min。

範例 11-1 撓性傳動之優缺點？

解　優點：(1) 成本低。

　　　　　(2) 可傳達較遠距離。

　　　　　(3) 裝置簡單，裝修容易。

　　缺點：(1) 易生滑動現象，效率低。

　　　　　(2) 因有滑動現象，速比不確定。

　　　　　(3) 壽命較短，且易受溫度及濕度之影響。

　　[註]：上述之缺點，鏈條都沒有，故鏈條兼具了皮帶及齒輪之優點。

利用皮帶旋轉運動轉換成滑塊的直線往復運動。

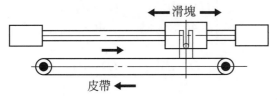

圖 11.1-1　皮帶機構之應用

11.2　平皮帶傳動機構

1. 通常傳動用平面狀之"帶"有皮帶、織物帶、橡皮帶、鋼皮帶四種。帶輪一般用鑄鐵加工而成。

2. 皮帶之傳動方式可分為(1)開口式、(2)交叉式：

   (1) 開口式皮帶之長度

   　　如圖 11.2-1，兩皮帶輪直徑分別為 D 與 d，中心距為 C，皮帶長度 L

   $$L = 2(\widehat{ab} + \overline{bo} + \widehat{op})$$

   $$= \left(\frac{\pi}{2} + \alpha\right)D + 2C\cos\alpha + \left(\frac{\pi}{2} - \alpha\right)d$$

   $$= \frac{\pi}{2}(D + d) + \alpha(D - d) + 2C\cos\alpha$$

   由圖中得知

   $$\sin\alpha = \frac{mb - no}{mn} = \frac{D - d}{2C}$$

   $$\cos\alpha = \sqrt{1 - \frac{(D - d)^2}{4C^2}} \fallingdotseq 1 - \frac{(D - d)^2}{8C^2}$$

   當 α 很小時，$\sin\alpha \fallingdotseq \alpha$，則

$$L = \frac{\pi}{2}(D+d) + \frac{(D-d)^2}{2C} + 2C\sqrt{1 - \frac{(D-d)^2}{4C^2}}$$

$$= \frac{\pi}{2}(D+d) + 2C\left[\frac{(D-d)^2}{4C^2} + \sqrt{1 - \frac{(D-d)^2}{4C^2}}\right]$$

$$= \frac{\pi}{2}(D+d) + 2C\left[\frac{(D-d)^2}{4C^2} + 1 - \frac{(D-d)^2}{8C^2}\right]$$

$$= \frac{\pi}{2}(D+d) + 2C + \frac{(D-d)^2}{4C} \quad\text{...............................} (11.1)$$

(2) 交叉式皮帶之長度

　　用於兩輪之轉向須相反，但若中心距過短或皮帶過寬，則不宜採用此方式，如圖 11.2-2。

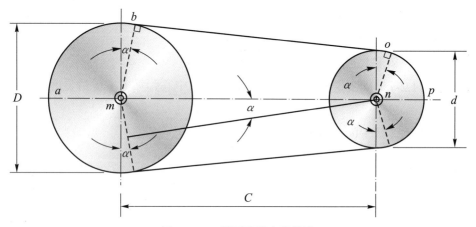

圖 11.2-1　開口皮帶之皮帶輪

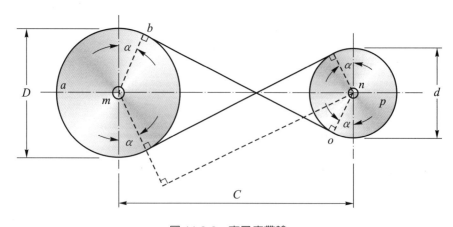

圖 11.2-2　交叉皮帶輪

$$L = 2(\overset{\frown}{ab} + \overline{bo} + \overset{\frown}{op})$$

$$= \left(\frac{\pi}{2} + \alpha\right)D + 2C\cos\alpha + \left(\frac{\pi}{2} + \alpha\right)d$$

$$= \left(\frac{\pi}{2} + \alpha\right)(D + d) + 2C\cos\alpha$$

由圖得

$$\sin\alpha = \frac{D+d}{2C}$$

$$\cos\alpha = \sqrt{1 - \frac{(D+d)^2}{4C^2}} \doteqdot 1 - \frac{(D+d)^2}{8C^2}$$

代入上式

$$L = \frac{\pi}{2}(D+d) + 2C + \frac{(D+d)^2}{4C} \quad\text{..} (11.2)$$

範例 11-2 一對皮帶輪傳動裝置，輪徑為 $d = 25$ 公分及 $D = 40$ 公分，軸心距離 $C = 50$ 公分，試求使用開口皮帶及交叉皮帶時所需之皮帶長度 L 及其 接觸角 θ(度)。　　　　　　　　　　　　　　　　　　　　　　【83 普考】

解　$\sin\alpha = \dfrac{D-d}{2C} = \dfrac{40-25}{50 \times 2} = \dfrac{15}{100}$

$\alpha = \sin^{-1}\dfrac{15}{100} = 8.627°$ 接觸角

$\theta_1 = 180° + 2\alpha = 197.26° = 3.443 \text{ rad}$

$\theta_2 = 180° - 2\alpha = 162.75° = 2.841 \text{ rad}$

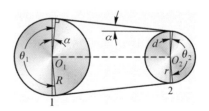

皮帶長度 $L = \dfrac{D}{2}\theta_1 + \dfrac{d}{2}\theta_2 + 2c\cos\alpha$

$\qquad\qquad = 20 \cdot \theta_1 + 12.5\theta_2 + 100\cos\alpha$

$\qquad\qquad = 104.3725 + 98.8686 = 203.24$

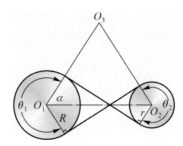

$$\sin\alpha = \frac{R+r}{C} = \frac{D+d}{2C} = \frac{40+25}{2\times 50} = \frac{65}{100}$$

$$\alpha = \sin^{-1}\frac{65}{100} = 40.541°$$

接觸角 $\theta_1 = \theta_2 = 180° + 2\alpha = 261.083° = 4.557$ rad

皮帶長度 $L = \dfrac{D}{2}\theta_1 + \dfrac{d}{2}\theta_2 + 2C\cos\alpha$

$$= 20\theta_1 + 12.5\theta_2 + 2\times 50\cos\alpha$$

$$= 148.095 + 100\times\cos\alpha = 148.095 + 75.994 = 224.089 \text{ cm}$$

範例 11-3 兩開口帶輪之直徑分別為 30 吋及 10 吋，傳達迴轉運動於中心距離為 8 呎之兩平行軸間，則帶長為若干？又若兩輪間用交叉帶時，則帶長又為若干？　　　　　　　　　　　　　　　　　　　　　　　　　　　　　【普考】

解 (1) 若兩輪用開口帶，由(11.1)式知

$$L = \frac{\pi}{2}(D+d) + 2C + \frac{(D-d)^2}{4C}$$

$$= \frac{\pi}{2}(30+10) + 2\times 8\times 12 + \frac{(30-10)^2}{4\times 8\times 12}$$

$$= 20\pi + 192 + \frac{25}{24} = 255.8 \text{ in}$$

(2) 若兩輪用交叉帶，由(11.2)式知

$$L = \frac{\pi}{2}(D+d) + 2C + \frac{(D+d)^2}{4C}$$

$$= \frac{\pi}{2}(30+10) + 2\times 8\times 12 + \frac{(30+10)^2}{4\times 8\times 12}$$

$$= 20\pi + 192 + \frac{1600}{192} = 258.97 \text{ in}$$

範例 11-4 已知兩個皮帶輪直徑分別是 10 吋與 4 吋，它們的中心距離是 32 吋，如果用的是開口皮帶輪，那皮帶應該多長？ 【普考】

解 $D = 10$ 吋、$d = 4$ 吋、$c = 32$ 吋，由公式

$$L = \frac{\pi}{2}(D+d) + \frac{(D-d)^2}{4C} + 2C$$

$$\therefore L = \frac{\pi}{2}(10+4) + \frac{(10-4)^2}{4 \times 32} + 2 \times 32$$

$$= 21.98 + 0.28 + 64 = 86.26(\text{吋})$$

(3) 皮帶輪之轉速比

如圖 11.2-3(a)，(b)若不計算皮帶厚及摩擦損失，則皮帶輪 m，n 之表面速度必相等，$V_m = \pi D_1 N_1$，$V_n = \pi D_2 N_2$，$V_m = V_n$。

$$\text{皮帶傳動速比} = \frac{N_1}{N_2} = \frac{D_2}{D_1}$$

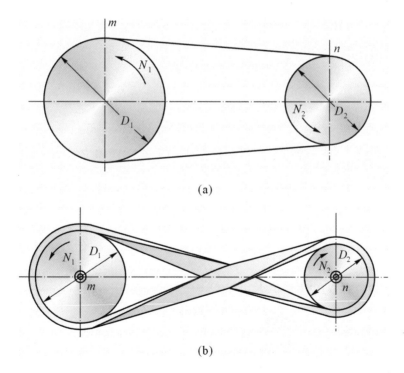

(a)

(b)

圖 11.2-3　皮帶輪之轉速比

若計算帶厚，則因皮帶外側伸長速度快，內側縮短速度慢，故以皮帶中間之速度為標準，如圖 11.2-4 所示。

$$皮帶傳動速比 = \frac{N_1}{N_2} = \frac{R_2 + \dfrac{t}{2}}{R_1 + \dfrac{t}{2}} = \frac{D_2 + t}{D_1 + t}$$

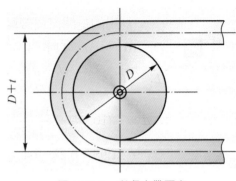

圖 11.2-4　考慮皮帶厚度

範例 11-5　主動輪與從動輪之輪速各為每分鐘 400 圈及 100 圈，若主動輪直徑為 18 吋，求從動輪之直徑為若干？　【普考】

解　$N_1 = 400$，$N_2 = 100$，$D_1 = 18$

$$\frac{N_1}{N_2} = \frac{D_2}{D_1}$$

$$\therefore D_2 = \frac{N_1}{N_2} D_1 = \frac{400}{100} \times 18 = 72 \,(吋)$$

答　從動輪之直徑為 72 吋。

---

(4)　皮帶傳送之馬力

如圖 11.2-5，為一帶輪，T_1 為緊邊之張力，T_2 為鬆邊之張力，T_1 與 T_2 之差稱為有效挽力。

$$E = T_1 - T_2$$

$$\dot{W} = \frac{W}{t} = \frac{F \times S}{t} = F \times V$$

$$= (T_1 - T_2) \times V = E \times V$$

PS(公制馬力) $= \dfrac{\pi D N E}{4500}$　　$(D：m，E：kg，N：rpm)$

HP(英制馬力) $= \dfrac{\pi D N E}{33000}$　　$(D：ft，E：lb，N：rpm)$

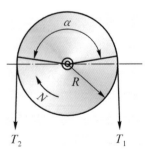

圖 11.2-5　皮帶之張力

※單位換算

　　　1 HP = 550 ft-lb/sec = 33000 ft-lb/min = 1.014 PS

　　　1 PS = 75 kg-m/sec = 4500 kg-m/min = 0.986 HP

　　　1 PS = 0.7355 kW

　　　$\dfrac{T_1}{T_2} = e^{\mu\alpha}$　　（μ：摩擦係數，α：接觸角）

範例 11-6 已知原動皮帶輪直徑 4 吋，原動軸轉速 1500 rpm，從動輪直徑為 12 吋，所用皮帶 3 吋寬，試計算此條皮帶能傳動的馬力等於多少 HP？(有效挽力 80 磅／吋)

解 全帶有效挽力 80×3 = 240 磅

$\dfrac{N_1}{N_2} = \dfrac{D_2}{D_1} \Rightarrow \dfrac{1500}{N_2} = \dfrac{12}{4} \Rightarrow N_2 = 500$ rpm

$\text{HP} = \dfrac{\pi DNE}{33000} = \dfrac{\pi \times \dfrac{12}{12} \times 500 \times 240}{33000} = 11.4\,(\text{HP})$

範例 11-7 一 6 吋直徑之原動帶輪用雙層皮革帶，每分 1000 轉傳送 10 馬力，試求有效挽力？

解

$\text{HP} = \dfrac{\pi DNE}{33000} = \dfrac{3.14 \times \dfrac{6}{12} \times 1000 \times E}{33000} = 10$

$\therefore E = 210$ 磅

範例 11-8 一皮帶繞於 150 rpm，直徑 50 公分之帶輪，皮帶有效挽力為 20 kg，試求所需馬力數？

解

$\text{PS} = \dfrac{\pi DNE}{4500} = \dfrac{\pi \times \dfrac{50}{100} \times 150 \times 20}{4500} = 1.05\,(\text{PS})$

---

(5) 傳送因子

　　　有效挽力 $E = T_1 - T_2$，總拉力 $P = T_1 + T_2$

$$傳送因子\ S = \frac{P}{E} = \frac{T_1 + T_2}{T_1 - T_2}$$

S 值與安裝緊度、摩擦係數、接觸面及轉速有關。

T_1：皮帶拉緊一側之拉力。

T_2：皮帶較鬆一側之拉力。

S 之經驗值：單層皮帶 $S = 2.0$(厚 3～6 mm)

雙層皮帶 $S = 2.5$(厚 6～10 mm)

三層皮帶 $S = 3.0$ (厚 10～15 mm)

V 形帶 $S = 1.5$

繩傳動 $S = 2～3$

鏈傳動 $S = 1.1$

範例 11-9 某單層帶使用在 12 吋直徑之原動輪上，其轉速為 500 rpm 能傳達 10 匹馬力，試求有效挽力？總拉力？皮帶兩邊之張力及皮帶寬度？(皮帶單層挽力 = 43 lb/in)

解 傳動係數 $(S) = \dfrac{P}{E}$

皮帶寬 $(W) = \dfrac{E}{e}$

其中　E：有效挽力

　　　e：皮帶單層寬挽力

　　　單層 $S = 2$

　　　$E = T_1 - T_2$，$P = T_1 + T_2$

$$10 = \frac{\pi DN \times E}{33000} = \frac{3.14 \times \dfrac{12}{12} \times 500 \times E}{33000}$$

　　　$E = 210$ lb

　　　$P = S \times E = 2 \times 210 = 420$ lb

　　　$T_1 - T_2 = 210$

　　　$T_1 + T_2 = 420$

　　　$\Rightarrow T_1 = 315$ lb，$T_2 = 105$ lb

　　　$\Rightarrow W = \dfrac{E}{e} = \dfrac{210}{43} = 4.88$ 吋

範例 11-10　直徑 d 為 25 cm 之皮帶輪，轉速 $n = 800$ rpm，傳動功率 $E = 16$ HP。皮帶單位寬之有效拉力 $F = 18$ kg/cm 忽略離心張力。小皮帶輪之接觸角 $\theta = 158°$，皮帶之摩擦係數 $\mu = 0.28$。

(一)求皮帶之寬度 b (mm)　　(二)求緊邊拉力 F_1 (kg)。　　　　【81 普考】

解　設其為平皮帶

則 $\dfrac{F_1}{F_2} = e^{\mu\alpha} = e^{0.28 \times \frac{158}{180}\pi}$，得 $F_1 = 2.164 F_2$

又 $H = (F_1 - F_2)V$，$1H_p = 75$ kg·m/sec

得 $16 \times 75 = (F_1 - F_2) \times 800 \times \dfrac{\pi \times 0.25}{60}$

$16 \times 75 = (2.164 - 1)F_2 \times \dfrac{800\pi}{60} \times 0.25$

$F_2 = 98.45$ kg，$F_1 = 213$ kg

皮帶寬 $b = \dfrac{F_1}{18} = \dfrac{213}{18} = 11.84$ cm

---

(6)　階級塔輪

①　開口皮帶之階級塔輪

如圖 11.2-6 所示，若欲使同一條皮帶套在每一階級塔輪的每一級上皆能適用，則在每一級上皮帶的長度都應相等。

假設 D_2 與 d_1 為已知，則求第 X 階皮帶輪長 L_x、D_x 及 d_x 方法如下：

第一階皮帶長

$$L_1 = \frac{\pi}{2}(D_2 + d_1) + 2C + \frac{(D_2 - d_1)^2}{4C}$$

第 X 階皮帶長

$$L_x = \frac{\pi}{2}(D_x + d_x) + 2C + \frac{(D_x - d_x)^2}{4C}$$

$\because L_1 = L_x$

$\therefore \dfrac{\pi}{2}(D_2 + d_1) + \dfrac{(D_2 - d_1)^2}{4C} = \dfrac{\pi}{2}(D_x + d_x) + \dfrac{(D_x - d_x)^2}{4C}$

兩個未知數必須有兩個方程式才能求 D_x 及 d_x

$$\therefore \frac{N}{n_x} = \frac{d_x}{D_x}$$

N：原動塔輪之轉速(D_2，D_4……D_x之轉速皆相等)。

n_x：X 階從動輪 d_x 之轉速。

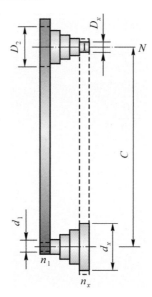

圖 11.2-6　開口皮帶階級塔輪

範例 11-11　　如圖 11.2-7 所示之開口帶塔輪，試分別求出各階直徑。　　【高考】

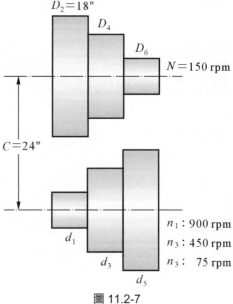

圖 11.2-7

解 (1)　第一級：$\dfrac{n_1}{N} = \dfrac{D_2}{d_1}$

$$d_1 = \dfrac{N}{n_1} \times D_2 = \dfrac{150}{900} \times 18 = 3''$$

(2)　第二級：$\dfrac{n_3}{N} = \dfrac{D_4}{d_3} = \dfrac{450}{150}$

$$D_4 = 3d_3 \cdots\cdots\cdots\cdots\cdots\cdots\cdots\cdots\cdots\cdots\cdots\cdots\cdots\cdots\cdots\cdots (1)$$

$\because L_1 = L_2$

$$\therefore \dfrac{\pi}{2}(D_2 + d_1) + \dfrac{(D_2 - d_1)^2}{4C} = \dfrac{\pi}{2}(D_4 + d_3) + \dfrac{(D_4 - d_3)^2}{4C}$$

$$\dfrac{\pi}{2}(18 + 3) + \dfrac{(18 - 3)^2}{4C} = \dfrac{\pi}{2}(D_4 + d_3) + \dfrac{(D_4 - d_3)^2}{4C}$$

將(1)式代入

$$\Rightarrow 35.31 = \dfrac{\pi}{2} \times 4d_3 + \dfrac{4d_3^2}{4 \times 24}$$

$$d_3^2 + 150.72d_3 - 847.44 = 0$$

$$d_3 = \dfrac{-150.72 \pm \sqrt{(150.72)^2 - 4(-847.44)}}{2} \quad (負號不合)$$

$$= 5.43''$$

$$D_4 = 3 \times d_3 = 3 \times 5.43 = 16.29''$$

(3) 第三級

同理可得　$d_5 = 14.76''$，$D_6 = 7.38''$

- -

②　交叉皮帶之階級塔輪

欲使同一條皮帶交叉套在每一級上，皆能適當使用，則在每級上皮帶的長度都應相等，假設 D_2 與 d_1 為已知。

則第一階皮帶長

$$L_1 = \dfrac{\pi}{2}(D_2 + d_1) + 2C + \dfrac{(D_2 + d_1)^2}{4C}$$

第 X 階皮帶長

$$L_x = \frac{\pi}{2}(D_x + d_x) + 2C + \frac{(D_x + d_x)^2}{4C}$$

$\because L_1 = L_x$

$\therefore \frac{\pi}{2}(D_2 + d_1) + \frac{(D_2 + d_1)^2}{4C} = \frac{\pi}{2}(D_x + d_x) + \frac{(D_x + d_x)^2}{4C}$

$\therefore D_2 + d_1 = D_x + d_x$

因為兩個未知數必須有兩個方程式才能求 D_x 與 d_x

$\therefore \frac{N}{n_x} = \frac{d_x}{D_x}$

N：原動塔輪之轉速。

n_x：X 階從動輪 d_x 之轉速。

範例 11-12　如圖 11.2-7 所示，若改用交叉式皮帶，試分別求出各階級之直徑。

解　(1)　第一級：$\frac{n_1}{N} = \frac{D_2}{d_1}$

$$d_1 = \frac{N}{n_1}D_2 = \frac{150}{900} \times 18 = 3''$$

(2)　第二級：$\frac{n_3}{N} = \frac{D_4}{d_3} = \frac{450}{150}$

$$D_4 = 3d_3 \dots\dots\dots\dots\dots\dots\dots\dots\dots\dots\dots\dots\dots (1)$$

$\because L_1 = L_2$

$d_1 + D_2 = d_3 + D_4$ 將(1)式代入

$\Rightarrow 3 + 18 = d_3 + 3d_3 = 4d_3$

$d_3 = 5.25''$

$D_4 = 3 \times 5.25 = 15.75''$

(3)　第三級：$\dfrac{n_5}{N} = \dfrac{D_6}{d_5} = \dfrac{75}{150}$

$d_5 = 2D_6$ .... (2)

$\because L_1 = L_3$

$d_5 + D_6 = d_1 + D_2 = 21$ 將(2)式代入

$2D_6 + D_6 = 3D_6 = 21$

$D_6 = 7''$

$d_5 = 14''$

---

③　相等階級塔輪

一般為了實際方便起見，在設計塔輪時，常使各組塔輪尺寸相同，稱為相等塔輪，如圖 11.2-8 所示。

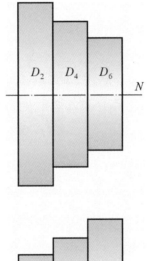

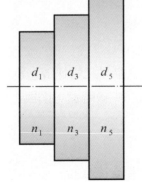

圖 11.2-8　三級相等階級塔輪

由圖 11.2-8 知一三級相等階級塔輪

$D_2 = d_5$，$D_4 = d_3$，$D_6 = d_1$

若 n_1，n_3，n_5 分別表示皮帶掛於從動塔輪各階級時，從動塔輪之轉速，主動輪之轉速以 N 表示，則

$$\frac{N}{n_1} = \frac{d_1}{D_2} \quad\text{...} (1)$$

$$\frac{N}{n_5} = \frac{d_5}{D_6} = \frac{D_2}{d_1} \quad\text{...} (2)$$

(1)×(2)

$$\frac{N^2}{n_1 \times n_5} = \frac{d_1 \times D_2}{D_2 \times d_1} = 1$$

$$\therefore N^2 = n_1 \times n_5$$

$$\because D_4 = d_3$$

$$\therefore \frac{N}{n_3} = \frac{d_3}{D_4} = 1$$

故 $N = n_3$

即 $n_1 \times n_5 = n_3^2 = N^2$

若為一個五階塔輪，則

$$n_1 \times n_9 = n_3 \times n_5 = N^2$$

同理若為一個四階塔輪

$$n_1 \times n_7 = n_3 \times n_7 = n_5^2 = N^2$$

上式顯示等塔輪中，主動軸之轉速 N，等於從動軸塔輪兩個對稱階級轉速之比例中項，從動塔輪的中級轉速，則與主動軸轉速相同。

範例 11-13　一鑽床用 5 級相等塔輪，已知 $D_2 = d_9 = 20''$，$D_4 = d_7 = 18''$，$D_6 = d_5 = 16''$，$D_8 = d_3 = 12''$，$D_{10} = d_1 = 10''$，主動輪轉速 $N = 500$ rpm，試求從動軸之各種轉速？

解　$\dfrac{n_1}{N} = \dfrac{D_2}{d_1} \Rightarrow n_1 = \dfrac{D_2}{d_1} \times N = \dfrac{20}{10} \times 500 = 1000\,\text{rpm}$

$\dfrac{n_3}{N} = \dfrac{D_4}{d_3} \Rightarrow n_3 = \dfrac{D_4}{d_3} \times N = \dfrac{18}{12} \times 500 = 750\,\text{rpm}$

又　$n_1 \times n_9 = n_3 \times n_7 = n_5^2 = N^2$

$n_9 = \dfrac{N^2}{n_1} = \dfrac{500^2}{1000} = 250\,\text{rpm}$

$n_7 = \dfrac{N^2}{n_3} = \dfrac{500^2}{750} = 333.3\,\text{rpm}$

---

(7)　皮帶在使用上的要領及注意事項

① 皮帶之接觸面若滑動增加時可塗抹皮帶膠，以增加傳動效率。

② 皮帶使用後會變長，所以加裝一調帶裝置以控制皮帶之張力。

③ 多溝式皮帶更換時，宜全部更新，以免各皮帶之張力不均。

④ 皮帶與帶輪間之接觸角不可太小，故兩帶輪之直徑不可相差太大，或中心距太小。

$$\because \theta_1 = 180° + 2\sin^{-1}\dfrac{D-d}{2C}\ ,\ \theta_2 = 180° - 2\sin^{-1}\dfrac{D-d}{2C}$$

(8)　皮帶機構之應用

如圖 11.2-9 利用四組皮帶作貨品的厚度及高度的篩選，貨品高度高於 15 mm 者才會被第二條皮帶帶進第二層篩選，第二層則是利用皮帶間隙 10 mm，厚度小於 10 mm 的貨物才可通過左邊，厚度大於 10 mm 者被最上面的皮帶留在右邊且被往前帶。

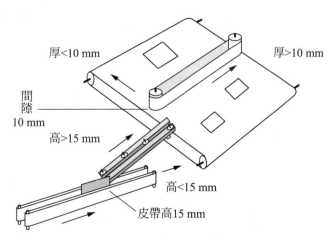

圖 11.2-9　皮帶篩選機構

11.3 V型皮帶與確動皮帶

1. V型皮帶：

(1) 皮帶輪上加工 V 型之槽，利用套於槽內之 V 型帶之楔形作用增加摩擦力，此種傳動方式為 V 型皮帶傳動。V 型皮帶(又稱三角皮帶)，廣用於傳統的工具機或汽車風扇上。

V 型皮帶之優點：

① 效率較高，平皮帶效率為 90%，而 V 型皮帶效率約 95%。

② 可吸收衝擊，故傳動平穩，噪音小，而平皮帶會引起振動。

③ 兩帶輪中心距很短時，也可使用 V 型皮帶。

④ 旋轉方向可以任意改變。

⑤ 兩帶輪中心有偏差，並不影響傳動。

⑥ V 型皮帶傳動速度較高且打滑現象較少，適於高速與精密的機械上。

⑦ V 型皮帶輪接觸弧長較小，甚至可小到 120 度。

缺點：

① 兩軸距離不能太遠。

② 高溫及油多之處不適用。

③ 價格較平帶輪貴。

④ V 型皮帶為無端皮帶，有些機器無法安裝。

(2) V 型皮帶之規格

其規格有 M、A、B、C、D、E 六種，如圖 11.3-1 及表 11.3-1 其表示法如 $A \times 800$ mm，即表示皮帶型別為 A，全長為 800 mm 的 V 型皮帶。V 型槽的 V 槽角度做成小於 40°(V 型皮帶為 40°)，如此可以補救 V 型帶磨損耗後變小或者槽磨耗後增大。

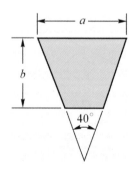

圖 11.3-1 V 型皮帶之斷面

表 11.3-1　V 型皮帶之強度、傳動馬力及皮帶輪直徑

類型	a (mm)	b (mm)	抗拉強度 (kg)	傳動馬力 (PS)	皮帶輪最小直徑 (mm)
M	10.0	5.5	100 以上		
A	12.5	9.0	180	< 2	100
B	16.5	11.0	300	2～10	150
C	22.0	14.0	500	10～50	225
D	31.5	19.0	1000	50～150	320
E	38.5	25.0	1500	> 150	400

(3)　V 型皮帶之轉速比

若不考慮皮帶厚度，則與平皮帶相同

$$\frac{N_1}{N_2} = \frac{D_2}{D_1}$$

若考慮皮帶厚度 t，則轉速比

$$\frac{N_1}{N_2} = \frac{D_2 - t}{D_1 - t}$$

- -

範例 11-14　　一三角皮帶其原動輪直徑為 60.5 cm，迴轉速為 120 rpm，從動輪直徑為 30.5 cm，皮帶厚度為 0.5 cm，求從動帶之 rpm？

解　　$\dfrac{N_1}{N_2} = \dfrac{D_2 - t}{D_1 - t}$

$\dfrac{120}{N_2} = \dfrac{30.5 - 0.5}{60.5 - 0.5} = \dfrac{30}{60} = \dfrac{1}{2}$

$N_2 = 240$ rpm

範例 11-15　有一 20 PS 馬達用數條 C 型 V 皮帶驅動一壓縮機,馬達皮帶輪節徑 180 mm,轉速 1800 rpm,壓縮機轉速 250 rpm,中心矩 1.35 m,試求皮帶之長度及條數。

[註]:1 PS = 75kg-m/s,馬力使用因數(service factor) = 1.2,
摩擦係數 = 0.3,C 型皮帶單位長度重量 = 0.26 kg/m,
C 型皮帶容許抗拉力 = 50 kg。

【72 高考】

解　壓縮機側帶輪直徑,$D = 180 \times \dfrac{1800}{250} = 1296$ mm

皮帶長,$L = \dfrac{\pi}{2}(D+d) + 2C + \dfrac{(D-d)^2}{4C}$

$= \dfrac{\pi}{2}(1296+180) + 2 \times 1350 + \dfrac{(1296-180)^2}{4 \times 1350}$

$= 5249$ mm

$v = \pi dn = \dfrac{\pi \times 180 \times 1800}{60 \times 1000} = 16.95$ m/sec

包角 $\theta = 180° - 2\sin^{-1}\dfrac{D-d}{2C}$

$= 180° - 2\sin^{-1}\dfrac{1.296-0.18}{2 \times 1.35} = 131.2°$

$= 2.29$ rad

離心力 $= \dfrac{\omega v^2}{g} = \dfrac{0.26 \times 16.95^2}{9.81} = 7.61$ kg

$\dfrac{T_1 - \dfrac{\omega v^2}{g}}{T_2 - \dfrac{\omega v^2}{g}} = e^{\mu\theta} = e^{0.3 \times 2.29} = 1.988$

$\dfrac{T_1 - 7.61}{T_2 - 7.61} = 1.988$ ·· ①

T_1:緊邊張力,T_2:鬆邊張力

$HP \times 1.2 = \dfrac{(T_1 - T_2)v}{75}$

$20 \times 1.2 = \dfrac{(T_1 - T_2) \times 16.95}{75}$

$T_1 - T_2 = 106.2 \text{ kg}$ ···②

由①、②可得 $T_1 = 221.3 \text{kg}$

故所需之皮帶數 $\dfrac{221.3}{50} = 4.4$，取 5 條

---

(4) V 型皮帶無段變速機構

如圖 11.3-2 為 V 型皮帶無段變速機構，當主動輪的寬度變寬同時調整軸距後，會使主動輪直徑變小，從動輪轉速變慢，在馬達馬力輸出條件不變的情況下，扭力輸出會變大。

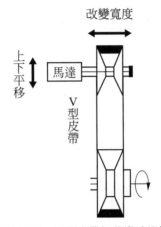

圖 11.3-2　V 型皮帶無段變速機構

2. **確動皮帶：**

(1) 確動皮帶又稱定時皮帶(timing belts)，如圖 11.3-2 所示。確動皮帶適合和具有齒溝的皮帶輪嚙合以傳動。由於齒和齒輪為確動傳動，如此可防止皮帶滑動，由於傳達動力也類似齒輪齒形互相滾動而得平順的動作，動力的傳動並不是靠摩擦力，而具有鏈條與齒輪之優點。

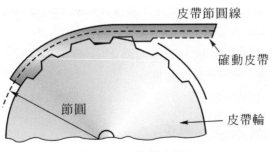

圖 11.3-2　確動皮帶輪

(2) 確動皮帶之規格

其規格依 JIS 及 ISO 標準而分為 MXL、XL、L，H、XH 及 XXH 等幾種，其表示方法如下：

250 XH 0.37
250→皮帶沿節圓線周長(吋)
XH→皮帶型式
0.37→皮帶寬度(吋)

 11.4 繩傳動

1. **繩之纏繞方式：**

繩纏繞之方式可分為多繩制與單繩制兩種，圖 11.4-1 為繩索之應用。

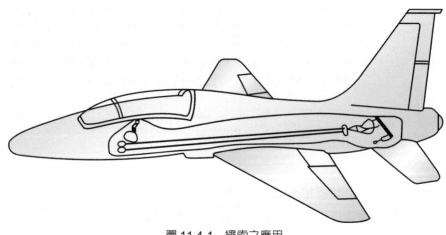

圖 11.4-1　繩索之應用

(1) 多繩制：又稱為英國制，係用多條繩平行繞於原動輪及從動輪，如圖 11.4-2(a)。
　① 優點：
　　a. 傳動之功率隨圈數之增加而增大。
　　b. 少數繩斷了，不影響傳動。
　② 缺點：
　　a. 不宜作鉛直方向之傳動。
　　b. 各繩張力不均，因而張力較大者，易於損壞。

(2) 單繩制：又稱為美國制，係用單一繩索，反覆圈繞於兩輪之間，而用張力輪將繩拉緊。如圖 11.4-2(b)。

① 優點：

   a. 拉力均勻。

   b. 可用於鉛直方向之傳動。

② 缺點：

   a. 繩斷則無法傳動。

   b. 傳達功率有限。

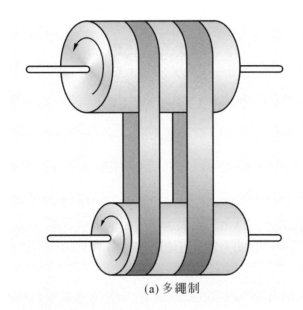

(a) 多繩制

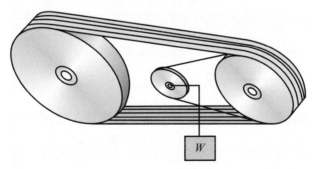

(b) 單繩制

圖 11.4-2　繩之傳動

2. **繩之種類及規格：**

常用之繩索有棉繩、麻繩、細繩(紡織機常用)、鋼絲繩(如起動機、升降機等常用)等。一般鋼繩的規格為

$a \times b$ 鋼繩

a 表 a 股鋼繩扭成鋼絲繩

b 表 b 根鋼絲扭成一股

例如 1 號鋼繩為 6×7，為 6 股 7 絲 1 纖維心，如圖 11.4-3 所示。

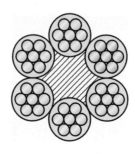

圖 11.4-3　6×7 鋼繩

3. **鋼索的使用要領：**

(1) 鋼索勿過度彎曲，一旦永久變形，使用起來很不方便。

(2) 靜態拉引如電線桿的助力索，可使用鍍層鋼索，但不用塗加油脂，而動態拉引則反之。

(3) 用於絞車時，鋼索應多繞數圈於絞盤上，以防止全數拉出時，負荷集中於接頭處。

4. **繩傳送之馬力數：**

(1) 多繩制

$$PS = \frac{(t_1 - t_2) \times (n \cdot \pi DN)}{4500}$$

t_1：每條繩之緊邊張力(kg)　　　t_2：每條繩之鬆邊張力(kg)

n：繩圈數　　　　　　　　　$D =$ 繩輪外徑(m)

$N =$ 轉速(rpm)

(2) 單繩制

$$PS = \frac{(T_1 - T_2) \pi DN}{4500}$$

N：轉速(rpm)

T_1：緊邊張力(kg)

T_2：鬆邊張力(kg)

D：繩輪外徑(m)

範例 11-16 用 20 圈繩，傳達 100 馬力，繩輪節徑爲 1 m，轉速爲 450 rpm，試求每一繩圈之有效挽力 $e = t_1 - t_2$？

解
$$PS = \frac{e \times n \times \pi DN}{4500}$$

$$100 = \frac{e \times 20 \times 3.14 \times 1m \times 450}{4500}$$

$$e = 15.9(kg)$$

 # 11.5 鏈條傳動機構

1. **鏈條：**

(1) 以金屬製成之環、片互相鉤結或用銷連接而成之條狀物稱爲鏈條。

(2) 鏈條傳動之優缺點

① 優點：

a. 傳動時，因鬆側張力近乎於零，故有效挽力較皮帶大，傳動效率高約 95% ～98%，且軸承受力不易磨耗。

b. 因爲沒有打滑現象，故傳動速比一定。

② 缺點：

a. 不適合高速旋轉，因旋轉時易擺動或噪音較大。

b. 傳動速率不均勻。

c. 成本較高，維修不易。

(3) 鏈條傳動注意事項：

① 速率要保持在 1：7 以下，低速或輕負荷可約 1：10。

② 鏈輪之齒數過少，則鏈銷易腐蝕，且易擺動與噪音也大，一般不宜少於 11 齒，且齒數少的場合宜用單數齒者較佳，而齒數過多，則易脫離鏈輪。

③ 滾子鏈傳動效率爲 95% 以上。若潤滑做好可達 98%，故應定期加油保養。

④ 鏈條之繞掛法，應將緊邊置於上方。

⑤ 鏈條及輪應加防護蓋以保安全並防止污染。

⑥ 鏈的使用須與同節距規格的鏈輪搭配。

⑦ 鏈輪間加一惰輪，可避免振動現象產生。

(4) 鏈條拉長之影響，如圖 11.5-1 所示。

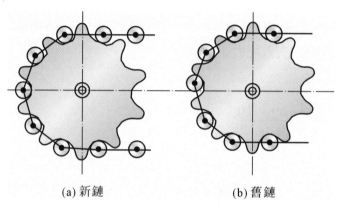

(a) 新鏈   (b) 舊鏈

圖 11.5-1 鏈節變長後對於傳動之影響

2. **鏈條的種類：**

(1) 起重鏈(Hoisting Chain)

可分為平環鏈及柱環鏈兩種，用於起重及曳引之用，傳動速率約為 180 m/min。如圖 11.5-2 及圖 11.5-3 所示。

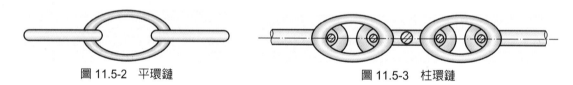

圖 11.5-2 平環鏈   圖 11.5-3 柱環鏈

(2) 運送鏈(Conveying Chain)

可分為鉤節鏈與緊節鏈，一般用來搬運物品，如圖 11.5-4 所示。

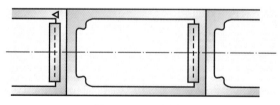

圖 11.5-4 活鉤鏈

(3) 動力鏈(Power Transmission Chain)

在高轉速之下傳動動力之用，可分為塊狀鏈，滾子鏈及倒齒鏈三種。

① 塊狀鏈：速率宜在 240～270 m/min 左右，如圖 11.5-5 所示。

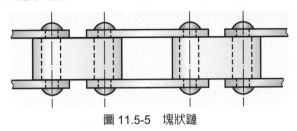

圖 11.5-5　塊狀鏈

② 滾子鏈：用於速率 300～360 m/min 左右，為最廣泛使用的一種鏈條，如圖 11.5-6 所示。

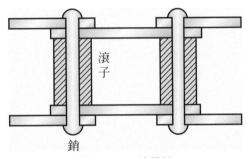

圖 11.5-6　滾子鏈

③ 倒齒鏈：用於速率在 450～540 m/min 之傳動，倒齒鏈鏈板的接觸面是直線，鏈輪的齒也是直線的鏈板，與齒鏈開始接觸與分離時兩者間無滑動的存在，所以可使傳動圓滑而減少噪音，因此又稱為無聲鏈，如圖 11.5-7 所示。一般無聲鏈可達到 94%～96% 之機械效率，最高可達 99%。

圖 11.5-7　倒齒鏈

3. **鏈條長度：**

   鏈條長度之計算與開口皮帶相同

   $$L = \frac{\pi}{2}(D_2 + D_1) + 2C + \frac{(D_1 - D_2)^2}{4C}$$

   其中　C：中心距離

   　　　D_1：大鏈輪節徑

   　　　D_2：小鏈輪節徑

   若鏈長以節數(n)表示，將上式除以鏈輪之節距 P

   $$n = \frac{L}{P}$$

4. **鏈輪之基本公式：**

   (1)　鏈條繞在鏈輪上成一個多邊形而非一個圓，如圖 11.5-8 所示，令

   $$\theta = \frac{180°}{T}$$

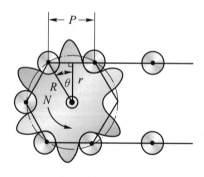

圖 11.5-8　鏈輪

則鏈輪之節徑

$$D = \frac{P}{\sin\theta}$$

鏈輪之外徑

$$D_o = P(0.6 + \cot\theta)$$

其中　$P =$ 節距，$T =$ 齒數

而鏈條至鏈輪中心因為一多邊形，故距離也週期變化，而鏈條其

最大線速度 $V_{max} = \pi DN = 2\pi RN$

最小線速度 $V_{min} = \pi dN = 2\pi rN$

$$= 2\pi RN\cos\theta$$

$$= \pi DN\cos\theta$$

$$(\because R\cos\theta = r)$$

(2) 鏈輪之角速比

$$\frac{N_B}{N_A} = \frac{T_A}{T_B}$$

$N =$ 轉速，$T =$ 齒數

(3) 鏈條所能傳動之馬力

當鏈條傳動時，因其鬆側之張力幾乎為零，故忽略不計，因此鏈條的緊側張力 T 等於其有效撓力，則

$$HP = \frac{TV}{33000}$$

$V =$ 速度(ft/min)，$T =$ 張力(lb)

$$PS = \frac{TV}{4500}$$

$V =$ 速度(m/min)，$T =$ 張力(kg)

範例 11-17　一節距 2 cm 的滾子鏈，運轉於 15 齒的鏈輪上，而鏈輪每分迴轉 2000 轉，則此鏈輪最大速度為若干？最小速度為若干？平均速度為若干？

【特考】

解　$\theta = \dfrac{180°}{T} = \dfrac{180°}{15} = 12°$

外徑 $D_o = P(0.6 + \cot\theta) = 2(0.6 + \cot 12°) = 10.6$ cm

直徑 $D = \dfrac{P}{\sin\theta} = \dfrac{2}{\sin 12°} = 9.62$ cm

$V_{max} = \pi DN = \pi \times 9.62 \times \dfrac{2000}{60} = 1007.4$ cm/sec

$$V_{min} = \pi DN\cos\theta$$

$$= \pi \times 9.62 \times \frac{2000}{60}\cos 12° = 985.39 \text{ cm/sec}$$

平均速度

$$\frac{V_{max} + V_{min}}{2} = \frac{1007.4 + 985.39}{2} = 996.345 \text{ cm/sec}$$

範例 11-18 兩相距 24 英吋的平軸以鏈節為 3/4 英吋的無聲鏈聯動，一個 19 齒的鏈輪以 900 rpm 轉動帶動一個 41 齒的鏈輪，決定從動鏈輪的轉速，兩輪的節徑及鏈長(以節數表之)。 【普考】

解

$$\frac{N_B}{N_A} = \frac{T_A}{T_B}$$

$$N_B = \frac{19}{41} \times 900 = 417 \text{ rpm}$$

$$\theta_A = \frac{180°}{T_A} = \frac{180°}{19} = 9.48°$$

$$D_A = \frac{P}{\sin\theta} = \frac{\frac{3}{4}{''}}{\sin 9.48°} = 4.57''$$

$$\theta_B = \frac{180°}{T_B} = \frac{180°}{41} = 4.39°$$

$$D_B = \frac{P}{\sin\theta} = \frac{\frac{3}{4}{''}}{\sin 4.39°} = 9.83''$$

$$\because L = \frac{\pi}{2}(D_A + D_B) + 2C + \frac{(D_A - D_B)^2}{4C}$$

$$= \frac{\pi}{2}(9.83 + 4.57) + 2 \times 24 + \frac{(9.83 - 4.57)^2}{4 \times 24}$$

$$= 22.18 + 48 + 0.29$$

$$= 70.47$$

以節數表示

$$n = \frac{L}{P} = \frac{70.47}{\frac{3}{4}} = 93.96 \doteqdot 94(節)$$

範例 11-19　一鏈輪節徑 10 cm，轉速為 1000 rpm，其鏈條緊邊張力為 100 kg，求其所能傳達之馬力？

解　$V = \pi DN = 3.14 \times 10 \times 1000 = 31400$ cm/min

$\qquad\qquad = 314$ m/min

$PS = \dfrac{TV}{4500} = \dfrac{100 \times 314}{4500} = 7$ 馬力

第十二章

螺旋機構

12.1 斜面與螺旋

1. **斜面**：將一平面置於與水平面成一角度，即成爲斜面。

   斜面與楔(wedge)是機構原件，可用來形成運動或形成力。如圖 12.1-1 所示，S 爲滑件，可沿導路 G 做上下之運動，F 爲一斜面。當 F 移動時，S 便會隨之上升或下降，其上升量可由式(12.1)求出。因

   $$dd_1 = mt$$

   由直角三角形

   $$\triangle\, mm_1t$$

   得 $$dd_1 = m_1m \cdot \tan\theta \quad\text{... (12.1)}$$

   即滑件上升距離等於楔水平面移動的距離乘於楔的高度與長度之比。

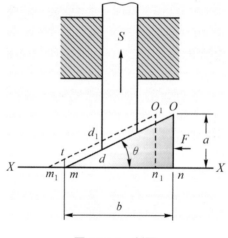

圖 12.1-1　斜面

2. **尖劈**：剛體之兩平面相交成尖角者，稱爲尖劈。

   如圖 12.1-2 所示之機構，滑件 S 的上升是由 K 的斜面與 mo 的斜面共同造成，由於 K 固定不動，所以滑件 S 上升的距離爲 mn 與 mo 兩斜面移動時，所造成垂直移動距離的和。

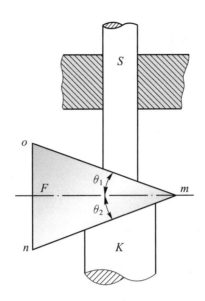

圖 12.1-2　尖劈

3. **螺旋(screw)：**

螺旋線可視爲一斜面包捲在一圓柱表面上之曲線，故螺旋爲斜面的應用，包括螺釘、螺栓、螺帽等，爲機械上常見之零件。圖 12.1-3 所示爲螺旋線的劃法。其中 BC 爲此螺旋線的導程 L、斜面 AC 與邊 AB 的夾角稱爲導程角 β，而斜面 AC 與邊 BC 的夾角稱爲螺旋角 α。

$$\tan \beta = \frac{L}{\pi D_m}$$ ....(12.2)

$$\tan \alpha = \frac{\pi D_m}{L}$$ ....(12.3)

[註]：D_m 爲節徑，即螺紋外徑與根徑的平均值。

各部分的定義如下：

(1) 軸線(shaft line)：螺紋的中心線。

(2) 螺紋(thread)：螺旋線的各種凹槽稱爲螺紋(如 V 型螺紋、方螺紋等)。

(3) 陽螺紋(external thread)：亦稱外螺紋，即在機件表面上的螺紋。

(4) 陰螺紋(internal thread)：亦稱內螺紋，即在機件內面上的螺紋。

(5) 外徑(outside diameter)：螺紋的最大直徑，以 D_o 表之。

(6) 內徑(inside diameter)：亦稱根徑，即螺紋的最小直徑，以 D_r 表之。

(7) 節圓直徑(pitch diameter)：亦稱節徑$\left(\text{平均直徑}D_m = \dfrac{D_o + D_r}{2}\right)$，可視爲陰螺紋與

陽螺紋在一起時，所代表的接觸點所成的直徑。節徑爲螺紋極重要之尺寸，可用節徑測微器或用三線法量測之，若用光學比較儀，則較爲準確。

(8) 牙峰(crest)：螺紋之頂部。

(9) 牙根(root)：螺紋之底部。

(10) 邊(side)：邊接牙峰與牙根之螺紋面。

(11) 節距(pitch)：相鄰兩螺紋的對應點，在平行軸線方向的距離。有時節距又稱爲螺距。

(12) 導程(lead)：螺桿在平行軸線方向旋轉一周，所前進或後退的距離。

(13) 導程角(lead angle)：節圓圓周長與導程所夾的角，如圖 12.1-3 所示。

(14) 螺紋角(thread angle)：任一螺紋兩邊所夾的角。

(15) 牙深(thread depth)：螺紋沿垂直軸線方向，牙峰與牙根間的垂直距離。

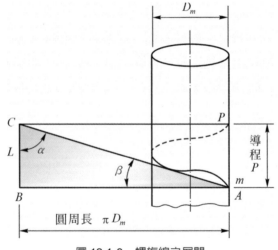

圖 12.1-3　螺旋線之展開

12.2 螺紋各部分之名稱

螺紋各部分名稱，如圖 12.2-1 所示。

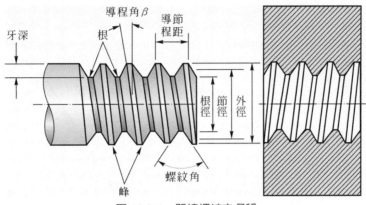

圖 12.2-1 單線螺紋之名稱

12.3 螺紋的種類

依螺紋的功用分類：

功用	螺紋名稱	圖示
鎖緊用	1.V 型螺紋：(1)尖 V 型螺紋	如圖 12.3-1
	(2)美國國家標準螺紋	如圖 12.3-2
	(3)惠氏螺紋	如圖 12.3-3
	(4)統一標準螺紋	如圖 12.3-4
	(5)國際公制標準螺紋	如圖 12.3-5
	2.圓頭螺紋(電燈泡燈頭之螺紋)	如圖 12.3-6
傳達力與傳動用	1.方螺紋(傳力螺紋中最有效之一種)	如圖 12.3-7
	2.梯形螺紋(ACME thread)	如圖 12.3-8
	3.斜方螺紋(螺旋千頂使用)	如圖 12.3-9
調整關係位置及度量用	鋼珠螺紋(工具機之進給系統所採用)	如圖 12.3-10
防漏用	管螺紋	如圖 12.3-11

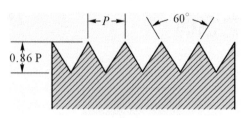

圖 12.3-1 尖 V 型螺紋

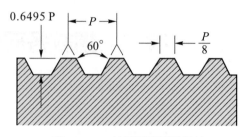

圖 12.3-2 美國國家標準螺紋

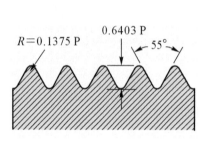

圖 12.3-3 惠氏螺紋

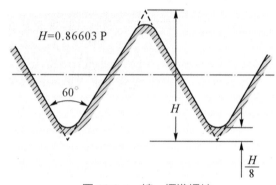

圖 12.3-4 統一標準螺紋

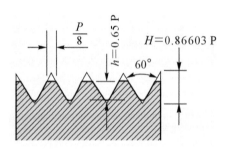

圖 12.3-5 國際公制標準螺紋

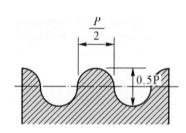

圖 12.3-6 圓頭螺紋

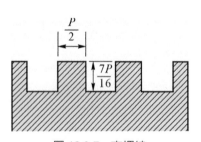

圖 12.3-7 方螺紋

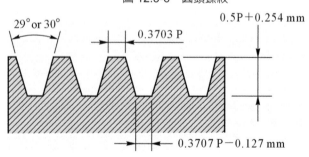

圖 12.3-8 梯形螺紋

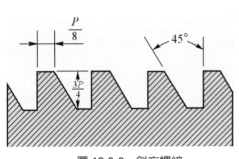

圖 12.3-9　斜方螺紋

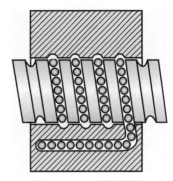

圖 12.3-10　鋼珠螺紋

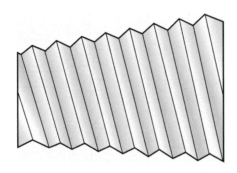

圖 12.3-11　管螺紋(錐形)

範例 12-1 用來傳遞較大力量的螺紋是哪一種螺紋？理由何在？試敘述之。

答 我們用方螺紋來傳較大的力量，因為方螺紋的牙比他種的螺紋具有較大的斷面，可以承受較大的力量。

範例 12-2 試繪一草圖說明千斤頂之舉重作用。

解 如圖(a)齒條 A 與搖桿 B 上之爪 C 相喫合。

(b)爪 D 用以支撐齒條 A，以免 A 因過重而下滑。

(c)當 B 搖動，則 A 上升，而將重物頂上升。

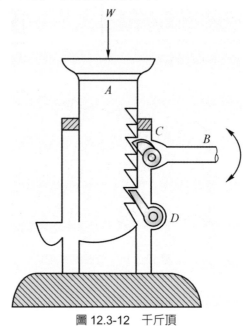

圖 12.3-12 千斤頂

範例 12-3 鋼珠螺紋(ball screw)比較梯形螺紋愛克姆螺桿有哪些特點？

解 (1) 效率高－鋼珠螺紋達 90%，愛克姆 40%，一般螺紋只有 15～20%左右。

(2) 沒有膠滑移現象(stick slip)。

(3) 精度高(high accuracy)，NC 工具機用 0.25/300 mm 或 0.0125/300 mm，精密度儀器可達 0.005 mm/300 mm。

(4) 零背隙與高剛性。

(5) 潤滑效果好。

(6) 摩擦係數低約 $\mu = 0.005$。

12.4　螺紋與旋向及其開頭數

1. **螺紋旋向：**

   螺旋可為右螺旋(RH)與左螺旋(LH)，一般我們較常使用右螺紋。兩者的分別，可由圖 12.4-1 中知，右螺紋若以順時針方向旋轉時，螺紋前進，其螺旋線右邊比左邊高者，反之，左旋螺紋若以逆時針方向旋轉時，螺紋前進，其螺旋線左邊比右邊高者。右手螺紋的優點是它與人們慣用右手的習慣相配合，在車製螺紋時，工件在兩手中間的視線內，不易出錯。左手螺紋它與人們的習慣相反，可用於鎖緊一般右手之方向旋轉軸上的刀具，不使刀具在旋轉時鬆脫，如電風扇之旋轉鈕，及滾齒機刀架上刀具的夾緊螺絲。

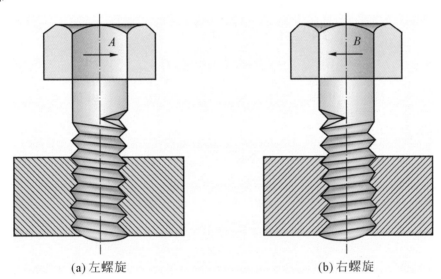

(a) 左螺旋　　　　　　　　(b) 右螺旋

圖 12.4-1　螺紋旋向

2. **螺紋開頭數：**

   螺距與導程之關係如下：如圖 12.4-2 所示。

   (1)　在單線螺紋時：$L = P$(導程 ＝ 節距)。

   (2)　在雙線螺紋時：$L = 2P$，兩條螺紋開頭相隔 180°。

   (3)　在三線螺紋時：$L = 3P$，兩條螺紋開頭相隔 120°。

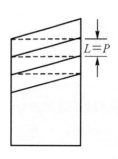 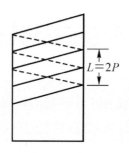 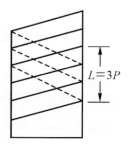

圖 12.4-2　螺距與導程

3.　**螺紋之表示法：**

(1)　公制螺紋表示法

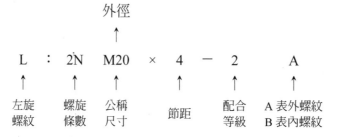

(2)　英美制表示法

統一螺紋：$U\dfrac{3}{4}-10$

韋氏螺紋：$W\dfrac{3}{4}-10$

管螺紋：$1\dfrac{1}{2}-11\dfrac{1}{2}NP$

1 分：$\dfrac{1}{8}$in

2 分半：$\dfrac{2.5}{8}$in $=\dfrac{5}{16}$in

$$\dfrac{1}{4}\quad-\quad 20$$
$$\uparrow\qquad\qquad\uparrow$$

外徑0.25in, 1英吋20牙

4. 英制螺絲的稱呼：

表 12.4-1 英制螺絲的稱呼

英制螺絲	稱呼
1/8"	1 分
5/16"	2 分 5 厘
3/8"	3 分
1/2"	4 分
5/8"	5 分
3/4"	6 分
7/8"	7 分
1"	8 分=1 吋
1-1/16"	1 吋 5 厘
1-1/4"	10 分=1 吋 2 分
1-3/8"	1 吋 3 分
1-1/2"	12 分=1 吋 4 分
1-3/4"	1 吋 6 分
1-7/8"	1 吋 7 分
2"	16 分=2 吋
2-3/8"	2 吋 3 分
2-1/2"	20 分=2 吋 4 分
2-5/8"	2 吋 5 分
3"	24 分=3 吋
3-1/8"	25 分=3 吋 1 分
3-1/2"	28 分=3 吋 4 分
4"	32 分=4 吋
5"	40 分=5 吋

註：水管也是以 1/8"為 1 分

12.5 單螺紋機構

1. 機械效率(mechanical efficiency)以 η 表示之：

   $$\eta = 輸出功／輸入能(\eta 值必小於 100\%)$$

2. 機械利益(mechanical advantage)以 *M* 表示之：

   $$M = \frac{W}{F}$$

   其中　W：阻力

   　　　F：作用力

   當 $M > 1$ 時，費時省力。

   　$M = 1$ 時，不能省時亦不能省力，只是施力方便。

   　$M < 1$ 時，省時費力。

1. 斜面之機械利益：

   (1) 傳達力量用之斜面，如圖 12.5-1 所示，
   圖中 $F = W\sin\theta$，

   而機械利益 $M = \dfrac{W}{F} = \csc\theta$，

   即等於傾斜於角之正割。

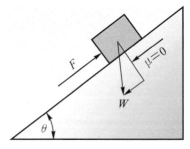

圖 12.5-1　傳達力量用之斜面

(2) 傳達傳動用之斜面，如圖 12.5-2 所示，
其機械利益計算如下：
由 12-1 式知

$$dd_1 = mm_1 \cdot \tan\theta$$
$$mm_1 \times F(施力) = dd_1 \times W(重物)$$

即

$$\frac{W}{F} = \frac{mm_1}{dd_1}$$

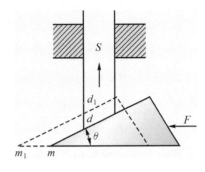

圖 12.5-2　傳達傳動用之斜面

$$\Rightarrow M = \frac{mm_1}{dd_1} = \cot\theta = \frac{1}{\tan\theta} \quad\text{...(12.4)}$$

2. 螺旋之機械利益：

(1) 不考慮摩擦時之 M

如圖 12.5-3 所示之螺旋起重器，當手柄迴轉一週，則 K 點所行的距離為 $2\pi R$，
而重物 W 的行程為螺桿的導程 L，故依輸入功 = 輸出功原理可得

$$\frac{W}{F} = \frac{2\pi R}{L} \quad\text{or}\quad W \cdot L = F \cdot 2\pi R \quad\text{...(12.5)}$$

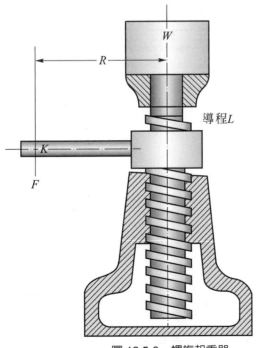

圖 12.5-3　螺旋起重器

(2) 考慮摩擦時之 M

　　如圖 12.5-4 所示,設在螺旋線上有一力 P 推動旋轉上升,而 R_0 為斜面之反作用力,並與斜面的法線 NN 向右傾斜成摩擦角,則

$$P = W \cdot \tan(\beta + \phi)$$

即　$\dfrac{W}{F} = \dfrac{R}{\tan(\beta + \phi)r}$ .... (12.6)

其中　ϕ：摩擦角

　　　r：螺桿節圓半徑

若 P 向下推動,則公式變為

$$\frac{W}{F} = \frac{R}{\tan(\beta - \phi)r}$$ .... (12.7)

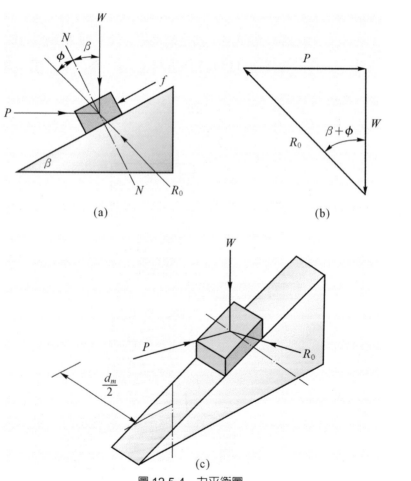

(a)　　　　　　　　　　　(b)

(c)

圖 12.5-4　力平衡圖

[註]：式 12.6 及 12.7 亦可寫成式 12.8 及式 12.9。

① 上升時

$$\sum F_H = P - N\sin\beta - \mu N\cos\beta = 0$$

$$\sum F_v = W + \mu N\sin\beta - N\cos\beta = 0$$

$$\Rightarrow P = \frac{W(\sin\beta + \mu\cos\beta)}{\cos\beta - \mu\sin\beta}$$

扭矩

$$T = \frac{Pd_m}{2} = \frac{Wd_m}{2}\left(\frac{L + \pi\mu d_m}{\pi d_m - \mu L}\right) \dots\dots\dots\dots\dots (12.8)$$

其中 d_m：螺桿節徑

μ：摩擦係數

L：導程

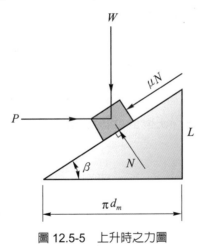

圖 12.5-5 上升時之力圖

② 下推時

$$\sum F_H = -P - N\sin\beta + \mu N\cos\beta = 0$$

$$\sum F_v = W - \mu N\sin\beta - N\cos\beta = 0$$

$$\Rightarrow P = \frac{W(\mu\cos\beta - \sin\beta)}{\cos\beta + \mu\sin\beta}$$

$$T = \frac{Pd_m}{2} = \frac{Wd_m}{2}\left(\frac{\pi\mu d_m - L}{\pi d_m + \mu L}\right) \quad\text{...(12.9)}$$

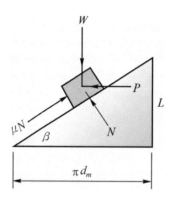

圖 12.5-6　下推時之力圖

3. **螺旋機構的應用：**

如圖 12.5-7 利用螺紋和連桿使機構可將滑塊的直線往復運動轉換成螺紋的正反轉運動。

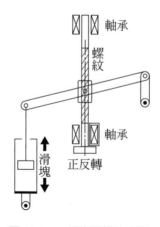

圖 12.5-7　螺旋機構的應用

範例 12-4 設有一螺旋千斤頂，其在螺旋頂部所測螺旋棒之直徑為 5 公分，螺距為 1.3 公分，把手長度為 80 公分，今以 12 公斤之力迴轉之，則能上升頂起之重量為若干？設螺旋與螺帽間之摩擦係數為 0.20。

解

解(1) $\dfrac{W}{F} = \dfrac{R}{r\tan(\beta + \phi)}$

$R = 80$ cm

$\tan\beta = \dfrac{L}{\pi D} = \dfrac{1.3}{3.14 \times 5}$

$r = 2.5$ cm，$\tan\phi = \mu = 0.2$ 代入得 $W = 1335$ kg

解(2) $F \cdot R = \dfrac{W d_m}{2}\left(\dfrac{L + \pi\mu d_m}{\pi d_m - \mu L}\right)$

$12 \cdot 80 = \dfrac{W}{2} \cdot 5 \cdot \left(\dfrac{1.3 + 3.14 \times 0.2 \times 5}{3.14 \times 5 - 0.2 \times 1.3}\right)$

$W = 1336$ kg

12.6　差動螺旋與複式螺旋

1. **差動螺旋：**

如圖 12.6-1 所示之機構，其螺紋方向相同，但導程不同，當螺桿旋轉一周時，所得滑行螺帽之行程為兩螺紋導程值之差。而圖 12.6-2 之手壓釘書機便是此一機構之應用，當手柄轉動一圈，旋力於螺桿的功為 $2\pi RF$，壓書器 H 則下行$(L_1 - L_2)$，壓書的功為 $W(L_1 - L_2)$，若將摩擦損失忽略不計，則

$$\frac{W}{F} = \frac{2\pi R}{L_1 - L_2} \quad\text{.. (12.10)}$$

由上式我們可以發現，當 $L_1 - L_2$ 的值愈小，機械利益便愈大，也就是說能用較小的力量得到較大的出力，這便是差動螺旋的最大優點。

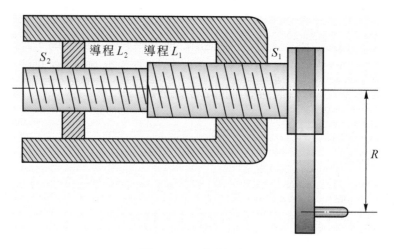

圖 12.6-1　差動螺旋

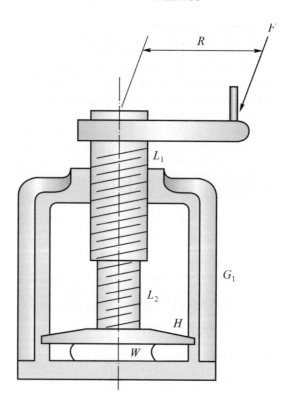

圖 12.6-2　手壓釘書機

範例 12-5 如圖 12.6-3 所示，當 F 轉 20 次，W 上升 $5\frac{1}{2}$ 吋，$L_1 = 0.5$ 吋右螺旋轉則導

程 L_2 應若干？又 F 應左轉或右轉？

解 兩螺紋組成之差動螺旋每轉移量 $= L_1 - L_2$

$$20(L_1 - L_2) = 5\frac{1}{2}$$

$$20 \times (0.5 - L_2) = 5\frac{1}{2}$$

$$10 - 20L_2 = 5\frac{1}{2} \Rightarrow L_2 = \frac{4.5}{20} = 0.225$$

答 (1) 導程 L_2 為 0.225(吋)。

(2) F 須逆時針方向迴轉。

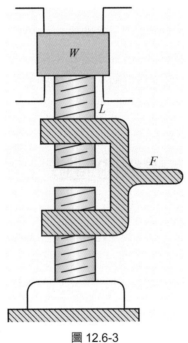

圖 12.6-3

2. **複式螺旋：**

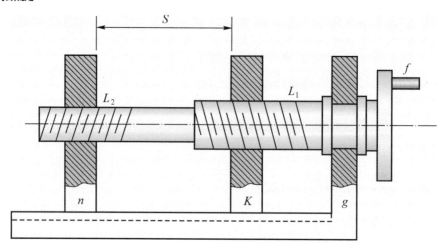

圖 12.6-4　複式螺旋

如圖 12.6-4 所示，螺桿上兩螺紋，其螺旋方向相反，而有相等或不相等之導程。當主動螺旋桿轉動時，從動螺桿的移動距離為兩螺旋導程之和(即為 $L_1 + L_2$)，由此可知複式螺旋可由較小導程之螺紋獲得較大之移動距離，可應用於快速傳動機構，這便是複式螺旋的最大優點。

 *12.7　螺紋的製造

1. **外螺紋：**

外螺紋製造方法可分為：(1)車製；(2)螺絲模或螺紋鈑刀切製；(3)滾軋；(4)壓鑄；(5)螺絲銑床；(6)輪磨。

(1)　車製：利用車床上之車螺紋設備，可切內外螺紋(參考 9.6 節)，其車製刀具又可分為

　　① 單牙車刀：如圖 12.7-1(a)。

　　② 梳子形車刀：如圖 12.7-1(b)。

　　③ 圓形車刀：如圖 12.7-1(c)。

　　④ 雙牙刀具：如圖 12.7-1(d)。

　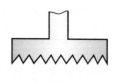　　

(a) 單牙車刀　　　(b) 梳子形車刀　　　(c) 圓形車刀　　　(d) 雙牙刀具

圖 12.7-1

(2) 螺絲模或螺紋鈑刀

   ① 螺絲模：使用螺絲模鉸製，到盡頭後須再延螺紋退回(如圖 12.7-2)。

   ② 螺絲鈑刀(適用於大量生產)。

(3) 滾軋：將圓柱形之胚料，在壓力作用下滾軋模的螺紋，能逼使材料產生塑性流動，當螺紋壓入部分會形成齒根，被擠出之材料，形成齒頂；胚料比一般車製可節省 16～25%，所需之胚料桿直徑約為等於螺紋之節徑。

滾軋外螺紋且可分為

   ① 平滾模法：如圖 12.7-3(a)。

   ② 圓滾模法：如圖 12.7-3(b)。

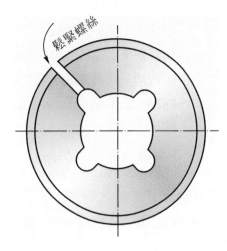

圖 12.7-2 螺絲模

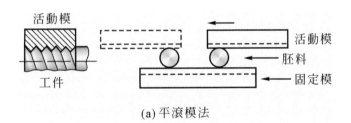

(a) 平滾模法

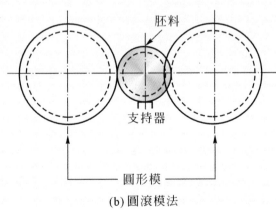

(b) 圓滾模法

圖 12.7-3

(4) 壓鑄：帶有螺紋的低熔點金屬機件，須要大量生產時，可以用壓鑄法製造，此種製法並不適於內螺紋。

(5) 螺絲銑床：螺絲銑刀作反時針快速旋轉銑切，工件則做順時針慢速轉動，螺紋深度銑切一次可完成，適於大量生產。

(6) 輪磨：當製造之螺紋須要高精度與光度時，我們可以用砂輪精磨及加工成形磨輪，磨輪又可分為

　　① 單牙砂輪。

　　② 多牙砂輪。

2. **內螺紋：**

內螺紋之製造方法可分為：(1)車製；(2)螺絲攻；(3)輪磨。

(1) 車製：以內孔車刀車製。

(2) 螺絲攻：係專門製造內螺紋的切削刀具。

(3) 輪磨。

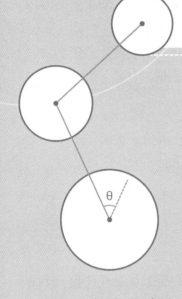

第十三章

槓桿與滑輪機構

13.1　力比、速比與機械利益

1.　**力比**(force ratio)：

任一機械欲使其運動必由原動件加入作用力 F 以帶動從動件，此時必產生一阻力 W，則阻力對作用力之比值，謂之機械之力比(force ratio)或又稱爲機械利益。即

$$機械利益\ M = 阻力／作用力 = \frac{W}{F}$$

若由數個機器組合時，總機械利益爲各別的機械利益之乘積即

$$M_T = M_1 \times M_2 \times M_3 \cdots\cdots \times M_n \dots\dots\dots\dots\dots\dots\dots\dots\dots\dots (13.1)$$

2.　**速比**(velocity ratio)：

當作用力施於原動件時，原動件應沿力之方向產生一速度，以帶動從動件運動，此從動件移動之線速度與原動件之線速度之比值，稱爲速比。

$$V(速比) = 從動件線速度／原動作線速度 = \frac{V_W}{V_F} \dots\dots\dots\dots\dots\dots (13.2)$$

3.　**機械利益與速比之關係**：

若無摩擦及位能之改變時，依功之原理，輸入功率 = 輸出功率

$$F \times V_F = W \times V_W \Rightarrow M = \frac{M}{F} = \frac{V_F}{V_W} = \frac{1}{V} \dots\dots\dots\dots\dots\dots (13.3)$$

即機械利益與速比成反比。

範例 13-1　請分別推導圖 13.1-1 及圖 13.1-2 兩種機構之機械利益方程式，其中 F
為輸入力，R 是阻力。　　　　　　　　　　　　　　　　　　【81 高考】

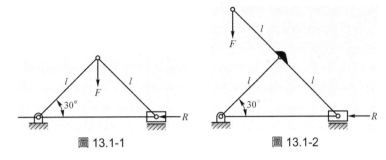

圖 13.1-1　　　　　　　圖 13.1-2

解　(1)　C 點為桿 1.3 之瞬心，B 點及 D 點可視為繞瞬心 1.3 旋轉，則 $BC = CD = \ell$

設桿 2 之角速度 W_2，則 $V_B = W_2 \times \ell$

而 $V_B = W_3 \times BC$，知 $W_3 = W_2$

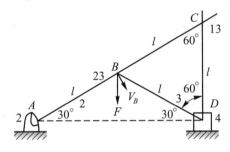

$\therefore V_D = W_3 \times \ell = W_2 \times \ell$

由能量守恆知輸入功＝輸出功

$\therefore FV_B \cos 30° = R \times V_D$

$F \times W_2 \times \ell \times \dfrac{\sqrt{3}}{2} = R \times W_2 \times \ell$

$\therefore$ 機械利益 $\dfrac{R}{F} = \dfrac{\sqrt{3}}{2}$

(2)

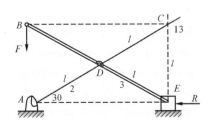

如圖(1)知，1.3 為瞬心，且 $W_3 = W_2$

$V_E = \ell W_2$

B 點繞瞬心 1.3(即 C 點)旋轉，且 BC 在同一水平線上 BC＝AE＝$\sqrt{3}\ell$

$\therefore V_B = W_3 \times \sqrt{3}\ell = W_2 \times \sqrt{3}\ell$

由能量守恆知，輸入功＝輸出功

$F \times V_B = R \times V_E$

$F\sqrt{3}W_2\ell = RW_2\ell$

知機械利益為 $\dfrac{R}{F} = \sqrt{3}$

13.2　機械效率 (mechanical efficiency)

所謂 "機械效率" 乃指一機械其輸出之功與輸入之能量的比值，其通常以 η 表示之。

$$\eta = \frac{W_o}{W_i} \times 100\% = \frac{\dot{W_o}}{\dot{W_i}} \times 100\% \quad\text{..} (13.4)$$

其中　　W_o：表輸出之有效功。

　　　　W_i：表輸入之能量。

　　　　$\dot{W_o}$：表輸出之功率。

　　　　$\dot{W_i}$：表輸入之功率。

機械效率恆小於 1，這是因為機械會因摩擦等因素而損耗能量，故其作功之能力永遠比加入之能量小。

13.3 槓桿及其種類

1. **槓桿(lever)：**
   槓桿為一能繞定點轉動之剛體，為一種最簡單之作功用機械。

2. **槓桿原理(principle of lever)：**
   當槓桿平衡時，施力與抗力對支點所造成之力矩，大小相等、方向相反，這稱為槓桿原理。

3. **槓桿之種類：**
   槓桿依其施力點、抗力點及支點在槓桿上之相對位置不同，而可分成三種類型：
   (1) 第一種槓桿：支點居中。如應用於剪刀、桿秤等，其機械利益可大於 1、小於 1 或等於 1，如圖 13.3-1(a)所示。
   (2) 第二種槓桿：抗力點居中。如應用於切藥草刀等，其機械利益恆大於 1，如圖 13.3-1(b)所示。
   (3) 第三種槓桿：施力點居中。如應用於筷子、鑷子、麵包夾等。其機械利益恆小於 1，如圖 13.3-1(c)所示。

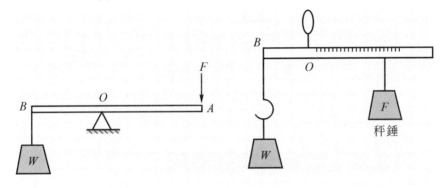

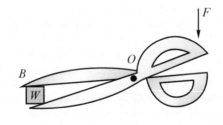

(a) 第一種槓桿

圖 13.3-1　槓桿之種類

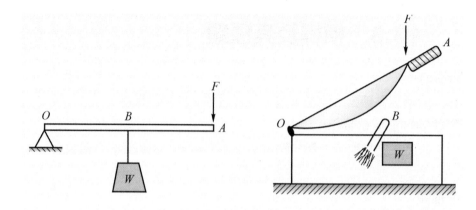

(b) 第二種槓桿

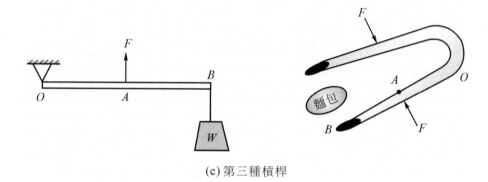

(c) 第三種槓桿

圖 13.3-1　槓桿之種類(續)

13.4　定滑輪與動滑輪

1. **滑輪：**
   周圍具有溝或凹槽之輪，裝置於輪架上，可繞固定軸輕易旋轉者，稱為滑輪。

2. **滑輪的種類：**
   滑輪依其支點不同又可分為定滑輪與動滑輪。

(1) 定滑輪(fixed or standing pulley)：如圖 13.4-1 所示。它可改變施力之方向，但不會改變作用力的大小。故在不計摩擦損失時，其機械利益為 1。

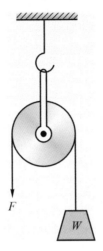

圖 13.4-1 定滑輪

(2) 動滑輪(movable pulley)：如圖 13.4-2(a)及(b)所示。從圖(a)所示，我們可以知道若 W 上升 1 單位，則 F 要上拉 2 單位，故速比 $V = \dfrac{V_W}{V_F} = \dfrac{1}{2}$，其機械利益 $M = \dfrac{M}{F} = \dfrac{1}{V} = 2$。而在圖(b)中速比 $V = 2$，故其機械利益 $M = \dfrac{1}{2}$。

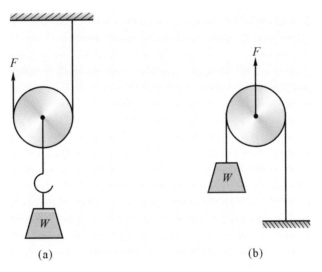

(a)   (b)

圖 13.4-2 動滑輪

13.5 滑輪機構

1. **起重用滑車**(pulley blocks for hoisting)：

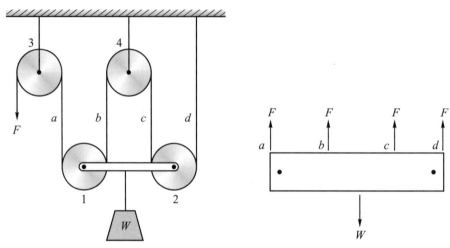

圖 13.5-1 起重滑車

如圖 13.5-1 所示，為一種最簡單的起重滑車(hositing tackle)，其滑輪 3 與 4 在一固定軸上旋轉而滑輪 1 與 2 上吊著重物 W。故從圖 13.5-1 知，若 W 上升 1 單位，則 a、b、c 和 d，4 條繩子也都有 1 單位是鬆的，故 F 要向下拉 4 單位才能拉緊。故

$$M = \frac{W}{F} = \frac{V_F}{V_W} = \frac{4V}{V} = 4$$

也就是說用 1 kg 的力可以拉動 4 kg 的重物，所以這種起重滑輪被廣泛應用於吊車或電梯等的起重設備。

範例 13-2 如圖 13.5-2 所示之滑車裝置設機械效率為 70%，今欲升起重 2400 磅之物體，則機械利益為若干？又須加力若干磅？ 【普考】

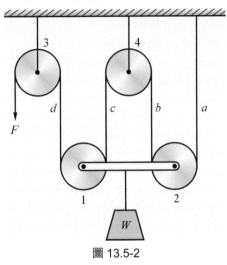

圖 13.5-2

解 (1) $a = b = c = d = F$

$W = a + b + c + d = 4F$

$M = \dfrac{W}{F} = 4$

今機械效率僅為 70%，故

$M = 4 \times 0.7 = 2.8$

$M = \dfrac{W}{F} = \dfrac{2400}{F} = 2.8$

$F = \dfrac{2400}{2.5} = 857 \text{ (lb)}$

(2) 當 $V_W = V$，$V_F = 4V$

$\dfrac{V_F}{V_W} = \dfrac{4}{1} = \dfrac{W}{F}$，即 $\dfrac{W}{F} = 4$

而機械利益為 70%，故

$M = 4 \times 70\% = 2.8$

而 $F = \dfrac{2400}{2.8} = 857 \text{ (磅)}$

答 機械利益為 2.8，須加力 857 磅。

2. **單槽滑車**(hoist with two single sheave blocks)：

如圖 13.5-3 所示，滑車的上下端各有一單槽滑輪(定滑輪 1 與動滑輪 2)，而繩索的一端固定，另一端則繞過滑輪 2，再經過滑輪 1 而受拉力 F，以舉起重物 W。

$$V = \frac{V_W}{V_F} = \frac{V}{2V} = \frac{1}{2}$$

$$M = \frac{W}{F} = \frac{1}{V} = 2$$

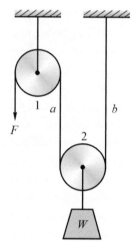

圖 13.5-3　單槽滑車

範例 13-3　如圖 13.5-4，若起重滾筒將繩索以 320 mm/s 的等速率纏繞，試求在 5 秒期間，負載 W 在垂直方向上的拉起高度 h。

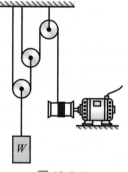

圖 13.5-4

解　$M = \dfrac{W}{F} = 4$

$V = \dfrac{1}{4} \times 320 \text{ mm/s}$

　　$= 80 \text{ mm/s}$

$\therefore h = 80 \text{ mm/s} \times 5\text{s}$

　　$= 400 \text{ mm}$

3.　**雙槽滑車**(hoist with one single block and one double block)：

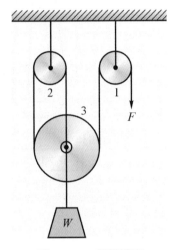

圖 13.5-5　雙槽滑車

如圖 13.5-5 所示，滑車的上端有兩個定滑輪 1 與 2(可視成一雙槽定滑輪)，下端則為一動滑輪 3，繩索的一端固定於滑輪 3 的支架上，另一端則繞過滑輪 2，再經過槽輪 3，最後經過滑輪 1 而受拉力 F，以舉起重物 W。

$V = \dfrac{V_W}{V_F} = \dfrac{V}{3V} = \dfrac{1}{3}$

$M = \dfrac{W}{F} = \dfrac{1}{V} = 3$

範例 13-4　重量各為 150 磅之兩個工人，站於如圖 13.5-6(a)(b)所示之重物 W 上，拉 F 處之繩索使重物 W 不致不落，若不計摩擦力，(1)二人在 F 處之作用力應為若干？(2)不計滑車和繩索之重量，問定滑車吊掛之力為若干？(3)若工人站於地面則定滑車吊之力為若干？　　　　【高考】

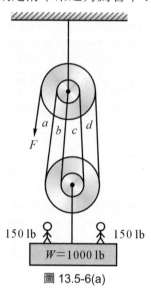

150 lb　　　　　　　　150 lb

$W = 1000\ \text{lb}$

圖 13.5-6(a)

解　　$V = \dfrac{V_W}{V_F} = \dfrac{V}{4V} = \dfrac{1}{4}$

$M = \dfrac{W}{F} = \dfrac{1}{V} = 4$

(1)　　$\dfrac{(150 \times 2 + 1000)}{F} = 4$

　　　　$F = 325(\text{lb})$

(2)　由力平衡知

　　　$a + b + c + d = 1300$

　　　$R = F + (a + b + c + d) = 325 + 1300 = 1625(\text{lb})$

(3)　$M = \dfrac{W}{F} = 4$

　　　$F = \dfrac{1000}{4} = 250\ (\text{lb})$

　　　$R = F + W = 1250(\text{lb})$

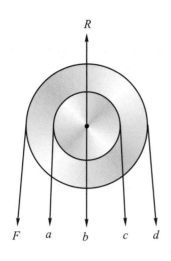

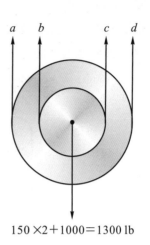

$150 \times 2 + 1000 = 1300$ lb

圖 13.5-6(b)

範例 13-5　工業架台上之動力絞車使架台能上升或下降，如圖 13.5-7 所示，對於指示之旋轉，此架台正在上升。假如每一個鼓輪直徑是 200 mm 及以 40 rev/min 速率轉動，試求架台向上的速度 V。

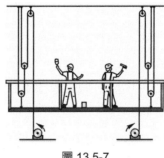

圖 13.5-7

解　$N = 40$ rev/min $= 0.667$ rps

$V = \pi D N = 3.14 \times 200 \times 0.667$

$\quad = 418.876$ mm/s

$V_{架} = \dfrac{1}{4} V = \dfrac{1}{4} \times 418.876$

$\quad\quad = 104.7$ mm/s

---

4. **雙組滑車**(luff on luff)：

雙組滑車便是由 2 組滑車搭配而成，其機械利益為 2 組滑車之各別機械利益相乘而得。如圖 13.5-8 所示，便是雙組滑車的一種應用。

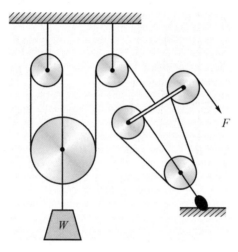

圖 13.5-8 雙組滑車

左邊之滑輪組機械利益 $M_1 = 3$

右邊之滑輪組機械利益 $M_2 = 4$

故總機械利益 $M_T = M_1 \times M_2 = 3 \times 4 = 12$

範例 13-6　如圖 13.5-9 所示，假設摩擦不計，當 $W = 3000$ lb 時，求 F。

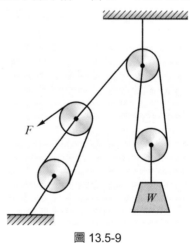

圖 13.5-9

解 左邊之滑輪組機械利益 $M_1 = 3$

右邊之滑輪組機械利益 $M_2 = 2$

故總機械利益

$$M_T = 2 \times 3 = 6$$

$$M_T = \frac{W}{F} = 6$$

$$F = \frac{W}{6} = \frac{3000}{6} = 500 \text{ (lb)}$$

----

5. **西班牙滑車(Spanish burion)：**

如圖 13.5-10 所示，稱為西班牙滑車。

當 W 上升 1 單位

$$\begin{cases} a 鬆了1單位 \rightarrow c 下降1單位 \rightarrow F下降2單位 \\ b 鬆了1單位 \rightarrow F下降1單位 \end{cases}$$

故 F 總共下降了 3 單位，因此

$$V = \frac{V_W}{V_F} = \frac{1}{3}$$

而　　　$$M = \frac{W}{F} = \frac{1}{V} = 3$$

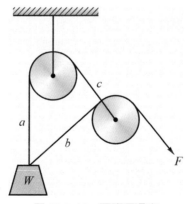

圖 13.5-10　西班牙滑車

範例 13-7 如下圖所示之起重滑車,設 $W = 2240$ lb,倘不計摩擦則其機械利益為若干?又施力 F 為若干? 【普考】

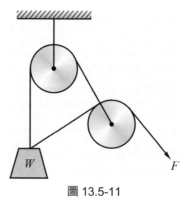

圖 13.5-11

解 $M = \dfrac{W}{F} = 3$

$F = \dfrac{W}{3} = \dfrac{2240}{3} = 747$ (lb)

---

6. **差動滑車**(differential pulley block):

如圖 13.5-12 所示,即為差動滑車。此裝置上端有 2 個定滑輪 1 與 2,兩者繞同一軸旋轉,2 輪的半徑 R_2 較 1 輪的半徑 R_1 為大。下端則有一動滑輪 3,其半徑 R_3 為 R_1 與 R_2 的平均值。R_1 與 R_2 直接影響此機構之機械利益,而 R_3 只在於確保鏈條的垂直狀態而已。

差動滑車的特點在於使用鏈條取代繩索,並有特殊表面形狀的滑輪,兩者相互配合,可以防止滑動的產生。圖 13.5-12 中若 F 施力於鏈條之一端。當 2 輪轉 1 圈,即 F 拉下鏈長 $2\pi R_2$,重物 W 上升 πR_2,而同軸之 1 輪卻使重物 W 下降 πR_1 即

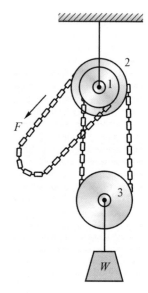

$$V = \frac{V_W}{V_F} = \frac{\pi R_2 - \pi R_1}{2\pi R_2} = \frac{R_2 - R_1}{2R_2}$$

$$M = \frac{W}{F} = \frac{1}{V} = \frac{2R_2}{R_2 - R_1}$$

圖 13.5-12 差動滑車

範例 13-8 如圖 13.5-12 所示之滑車裝置，設 $W = 1600$ lb，$R_1 = 6$ cm，$R_2 = 8$ cm 倘不計摩擦，求作用力 F？

解

$$M = \frac{W}{F} = \frac{2R_2}{R_2 - R_1} = \frac{2 \times 8}{8 - 6} = 8$$

$$\therefore F = \frac{W}{8} = \frac{1600}{8} = 200 \text{ (lb)}$$

第十四章

其他機構

14.1　間歇運動機構

1. **間歇運動機構之定義：**

   當一機構之原動件作等速運動時，從動件有時運動、有時停止，此種機構稱之爲間歇運動機構。

   間歇運動可由凸輪(cam)、擒縱器(escapement)、棘輪機構及間歇齒輪等發生之，此類機構皆應用在自動化機械(製罐、包裝、自動進料)或記錄儀表內。

2. **產生間歇運動之分類：**

   (1) 由搖擺運動產生間歇旋轉運動：棘輪和擒縱器。

   (2) 由旋轉運動產生間歇旋轉運動：日內瓦機構和間歇齒輪。

 ## 14.2　棘輪(ratchet wheel)

1. 沿一輪之周緣製成適當之形狀齒型或柱銷，可藉另一機件之往復運動而產生間歇性的單向圓周運動之機構稱之『棘輪』。

2. 棘輪之種類：

   (1) 單爪棘輪

   　　如圖 14.2-1 所示，三者皆爲單爪棘輪。

   (2) 多爪棘輪

   　　如果要獲得更微小的精度便要增加棘輪之齒數，是針對單爪棘輪而改進的，如圖 14.2-2 所示。

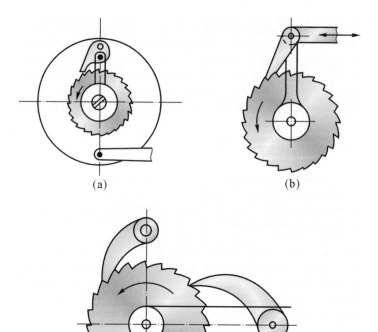

(a)　　　　　　(b)

(c)

圖 14.2-1　單爪棘輪

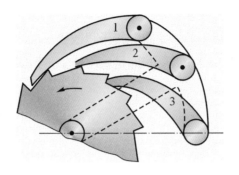

圖 14.2-2　多爪棘輪

範例 14-1 試述多爪棘輪之優點。

答　(1) 多爪棘輪其爪不只一個，可以不減少節距，使運動變得更均勻。

　　(2) 多爪棘輪可減少單爪棘輪之無效搖擺角度，且又不減弱棘輪之強度。

---

(3) 雙動棘輪

若欲使搖桿不論向前進或向後退方向轉動時，棘輪仍向同一方向運動，則須使用雙動棘輪。如圖 14.2-3(a)與(b)分別是用推力及拉力來驅動。

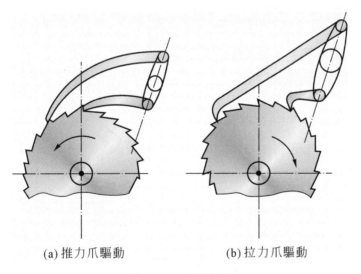

(a) 推力爪驅動　　　　　　(b) 拉力爪驅動

圖 14.2-3　雙動棘輪

(4) 可逆棘輪

棘輪迴轉之方向有時須於一定時間後予以改變一次，如鉋床上之自動進給即是利用可逆棘輪，如圖 14.2-4(a)及(b)即是應用於牛頭鉋床之進給裝置。

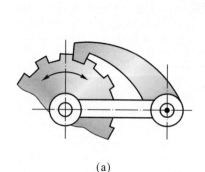

(a)　　　　　　　　(b)

圖 14.2-4　可逆棘輪

(5) 無聲棘輪

當輪與爪之外形使起動與止動之力，完全是利用摩擦力而導致的，因使用摩擦力的作用所以又稱『摩擦棘輪』。如圖 14.2-5，當搖桿 B 驅動時，因 R 之摩擦力使 A 迴轉。

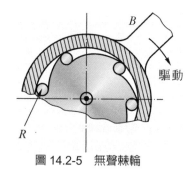

圖 14.2-5　無聲棘輪

14.3　擒縱器(escapement)

主動件為連續之圓轉動，從動件為間歇性之往復轉動，此種機構稱為擒縱器。

擒縱器之種類：

1. **錨形擒縱器：**

用於普通錶上，帶動指針指示時間用，如圖 14.3-1 所示。

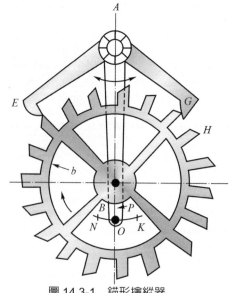

圖 14.3-1　錨形擒縱器

範例 14-2 試說明鐘錶應用錨式擒縱器之情形。

答 如圖 14.3-1 下所示的鐘錶用之擒縱器。圖中 *b* 為擒縱輪，其大多藉彈簧或重力，使其繞 *B* 軸迴轉。

托板尖 *F* 和 *H* 連在兩爪 *E* 和 *G* 上，*P* 擺為能使托板尖繞 *A* 點往還擺動之擺件，而常與重擺或擺輪相聯。

當 *P* 擺擺向右方 *K* 時，*F* 尖與輪齒接觸，*P* 擺擺向左方 *N* 時，*G* 尖從輪齒上滑出，而 *H* 尖與另一齒輪尖相接觸，如此，*P* 擺每擺一次，就只讓擒縱輪轉動一小格而已。

2. **無幌擒縱器：**

錨形擒縱器的缺點可用圖 14.3-2 的無幌擒縱器來改進。即將輪 2 的齒形改良後，使搖臂 *e* 與齒形吻合，只有摩擦而沒有反撞動作，因此擒縱器的所有動力完全作用在輪 2 上，而輪 2 沒有反撞的動作給擒縱器。輪 2 與秒針相連，因此用這種擒縱器的秒針不會有反向晃動現象。

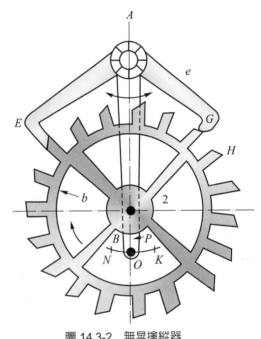

圖 14.3-2　無晃擒縱器

範例 14-3 錨式擒縱器之缺點如何？用何種擒縱輪可消除其缺點？

答 (1) 由於錨式擒縱器的爪和棘輪齒在運動時，有逆向力產生，亦即使爪和棘輪齒在運動時會產生相對滑動，其搖擺週期甚難保持不變。

(2) 用無晃擒縱輪可改進其缺點。

3. **圓筒形擒縱器：**

　　如圖 14.3-3 所示，一半圓形薄筒作為擺輪，其周緣 *rs* 與一游絲相接，擒縱輪齒為前低後高之楔形，(b)圖示一齒被阻於擺輪之外，當 *rs* 順箭頭方向擺動，*s* 越過 *b* 時，繼齒右動，順箭頭迴轉之擒縱輪，助擺輪 *rs* 轉動。繼則，此齒又被阻於 *rs* 右側內部，及至 *rs* 逆箭頭向迴轉時，齒又被放開，輪又繼續轉動，齒又推動 *rs*，次一齒又被阻於 *rs* 外部左側，如(a)圖示，如此重覆返行而使擒縱輪作單向之間歇旋轉，從而使錶內之時、分、秒針準時轉動。

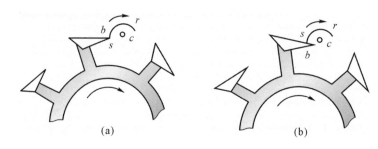

圖 14.3-3　圓筒形擒縱器

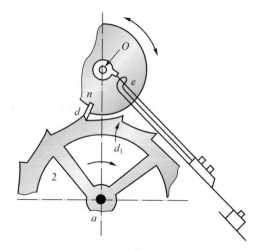

圖 14.3-4　精密時針擒縱器

4. **精密時針擒縱器：**

　　如圖 14.3-4 所示，當平衡輪 *O* 左右擺動時，其上附有掣子 *n* 及 *d₁*，當平衡輪逆轉時，輪 2 依箭頭方向順轉，但當平衡輪順轉時，*n* 及 *d* 阻止了輪 2 上的齒，使輪 2 不能旋轉。

14.4 間歇齒輪機構

間歇齒輪大致可分為下列五種機構：

1. **日內瓦機構：**

   如圖 14.4-1 所示為一日內瓦機構，其係由一機件之連續迴轉運動。當 A 持續轉一周，B 轉 $\frac{1}{4}$ 周，然後停止不動。於 B 不動期間內，A 之銷 E 與 B 與之凹面圓弧相接觸，因此可阻止 B 之轉動。

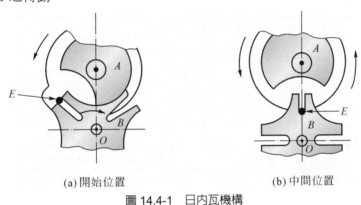

(a) 開始位置   (b) 中間位置

圖 14.4-1 日內瓦機構

範例 14-4 解釋專有名詞： 【78 高考】

日內瓦機構(geneva indexing mechanism)

解 日內瓦機構(geneva indexing mechanism)：係由一機件之連續迴轉運動，造成另一件的間歇迴轉運動。下圖中當 A 持續轉一周，B 轉 $\frac{1}{4}$ 周，然後靜止不動，等到 A 轉回次一周時，B 被帶動轉 $\frac{1}{4}$ 周。

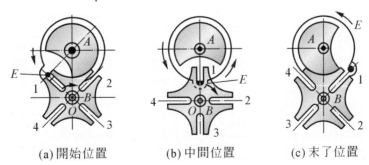

(a) 開始位置   (b) 中間位置   (c) 末了位置

---

2. **間歇正齒輪機構：**

   如圖 14.4-2 所示，A 為原動輪，只有 1 齒，B 為從動輪有 8 齒。B 輪轉動 $\frac{1}{8}$ 周後，等

   A 再轉一周，B 再轉 $\frac{1}{8}$ 周，此種 A 為連續轉動，B 為間歇轉動稱為間歇齒輪傳動。

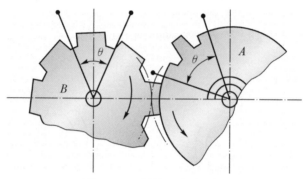

圖 14.4-2　間歇正齒輪機構

3. **間歇斜傘齒輪傳動機構：**

   如圖 14.4-3，此種機構原理與間歇正齒輪機構原理相似。圖中轉軸 S_1 連續轉動，而從動輪 S_2 則產生間歇轉動，此類機構應用於兩軸互相垂直相交時的間歇傳動。

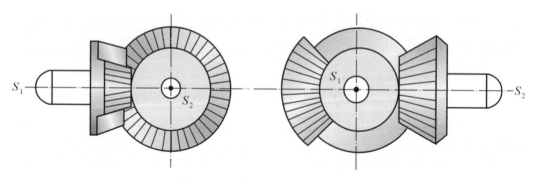

圖 14.4-3　間歇斜傘齒輪傳動機構

4. **間歇螺旋齒輪機構：**

   如圖 14.4-4 所示，一螺旋齒輪為原動，且圓周上僅部分有齒，從動輪為全部有齒，如此可造成間歇迴轉運動。

5. **間歇蝸桿蝸輪機構：**

   如圖 14.4-5 所示，為蝸桿蝸輪所組成的間歇蝸桿蝸輪機構。

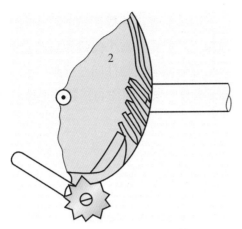

圖 14.4-4 間歇螺旋齒輪機構

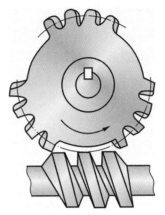

圖 14.4-5 間歇蝸桿蝸輪機構

14.5 反向運動機構

　　所謂反向運動機構，係指當一機構之原動件作一定方向之等速迴轉運動時，其從動件則作往復運動，或反方向之迴轉運動。

　　反向運動的種類繁多，若以從動件運動情形可分為下列二類：

1. **迴轉運動產生往復運動之機構：**

   (1) 如圖 14.5-1 所示，由一小齒輪與一齒條所構成之反向機構，小齒輪上僅部分有齒，當小齒輪轉動時，小齒輪上的齒與從動件的齒相嚙合，從動件即上升。而當小齒輪轉至無齒的部分時，從動件可藉彈簧力或其本身重力而回復到原位置。若小齒輪繼續旋轉，則從動件即作上下往復運動。

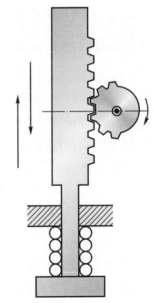

圖 14.5-1 迴轉運動產生上下往復運動之機構

(2) 如圖 14.5-2 所示，由一小齒輪與上下均為齒條之機構所構成的反向運動機構。小齒輪僅部分有齒，其齒數相當於齒條上之齒數。當小齒輪做反時針方向旋轉時，其有齒的部分與上齒條互相嚙合，而帶動整個從動件向左移動，至小齒輪之有齒部分與下齒條互相嚙合時，則整個從動件，反方向往右移動而形成反覆作往復直線運動。

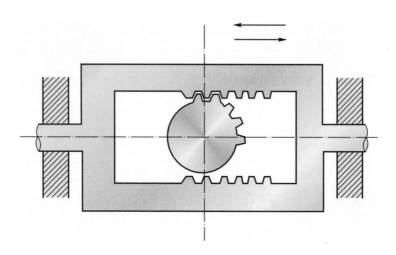

圖 14.5-2　迴轉運動產生左右往復運動之機構

2. 變更從動軸旋轉方向的機構：

(1) 如圖 14.5-3 所示，利用斜齒輪及離合器變換從動軸旋轉方向之機構。C 為 S_2 原動軸上的斜齒輪且和從動軸 S_1 上的 A、B 兩斜齒輪相互嚙合，而 A、B 兩斜輪均可在從動軸 S_1 上自由轉動；又從動軸 S_1 係藉滑鍵與離合器相連接，故能沿 S_1 軸左右自由移動，且能與 S_1 軸相接合共同旋轉。其中 I 為離合器撥移桿(shift lever)，可將離合器與斜齒輪 B 上的 D 嚙合，或向左與斜齒輪 A 上的 D' 嚙合，因此可變更從動軸 S_1 的轉向。

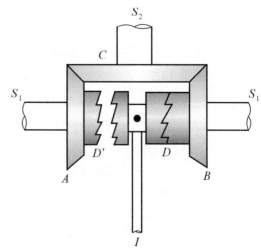

圖 14.5-3　變更從動軸旋轉方向的機構

(2) 如圖 14.5-4 所示，係利用開口帶及交叉帶與離合器變換從動軸 S_1 施轉方向之機構。

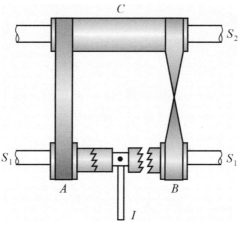

圖 14.5-4 變更從動軸旋轉方向的機構

(3) 如圖 14.5-5 所示，係利用惰輪與離合器變換從動軸 S_1 旋轉方向之機構。

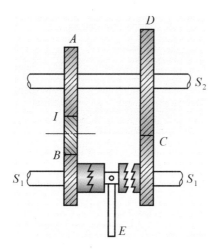

圖 14.5-5 變更從動軸旋轉方向的機構

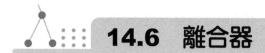

14.6　離合器

　　離合器為主動軸與從動軸間之聯接元件，分為兩部分，分裝於主動軸及從動軸上，可迅速聯結或分離兩軸。常有之離合器可分為下列兩類：

1.　**確動離合器：**

　　(1)　如圖 14.6-1 所示，為一方形確動離合器，此種離合器不論旋轉方向如何，皆可產生確實的動作，使從動軸與主動軸之轉速相等。而在接合時必須使轉軸近乎停止狀態，但隨時可視情況於任何時間可作簡易而迅速之分離。

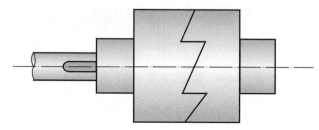

圖 14.6-1　方形確動離合器

　　(2)　如圖 14.6-2 所示，為一蝸形確動離合器，此種離合器較方形確動離合器容易套合，但僅能作單一轉向運動，否則將因斜面之關係，兩者會自動分離，此種機構常用於汽車引擎之啟動器上。

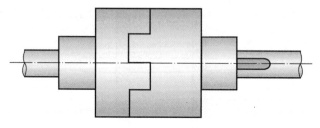

圖 14.6-2　蝸形確動離合器

　　確動離合器因套合時會產生陡震(shock)，故此種確動離合器僅用在低速機構中。

2.　**摩擦離合器：**

　　係藉原動件和從動件間的摩擦力，以傳遞運動及動力，此種離合器可避免確動離合器所產生的陡震。

(1) 如圖 14.6-3 所示，爲一圓盤式離合器，圖中兩個凸緣盤，其中一個以鍵裝置於主動軸上，另一個是以活鍵或栓槽裝於被動軸上，並可沿軸向滑動，此種離合器係藉兩圓盤間之摩擦力來傳動，一般汽車上之離合器常屬此型式。

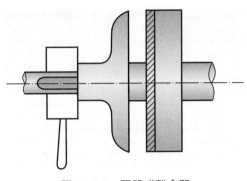

圖 14.6-3 圓盤式離合器

(2) 如圖 14.6-4 所示，爲一錐形離合器，錐角 α 若太小，則離合器的鬆脫困難，反之，則壓力過大，所以錐角應在 8°～14°較佳。

(3) 如圖 14.6-5 所示，爲一超速離合器或稱爲自由輪，此離合器只允許主動軸作某一方向旋轉時，才能傳達動力；當方向相反時則無法傳達動力，而當從動件轉速超過主動件時亦會分開，此種機構常用於腳踏車之後輪軸或高速馬達。

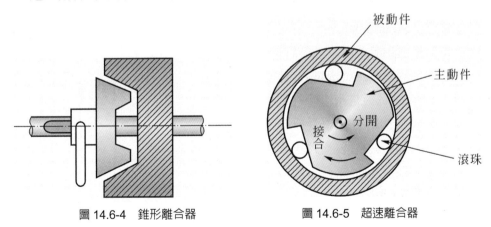

圖 14.6-4 錐形離合器　　　　圖 14.6-5 超速離合器

範例 14-5　有一圓盤離合器，其摩擦圓盤之內徑 D_1 為 160 mm，外徑 $D_2 = 230$ mm，
主動盤之轉速為 250 rpm。摩擦面之接觸平均壓力為 $P = 0.02$ kg/mm^2，而
其摩擦係數為 $\mu = 0.3$。試求此圓盤離合器可傳動之馬力數。

(註：1 PS = 75 kg·m/sec)，　　　　　　　　　　　　　　　【80 特考】

解　設襯料受均勻壓力

傳遞力矩 $T = \dfrac{2}{3}\mu P\pi(R_0^3 - R_1^3)$

得 $T = \dfrac{2}{3} \times 0.3 \times 0.02 \times \pi \times (115^3 - 80^3) = 12678$ kg-mm

$$H = T\omega = \dfrac{12678 \times 10^{-3} \times 250 \times \dfrac{2\pi}{60}}{75} = 4.4 \text{ PS}$$

14.7　連軸器

　　連軸器(coupling)為機構中之一種連接構件，常使用於兩軸間永久性之連接，以傳遞
運動及動力。連軸器通常可分為下列兩類：

1. **剛性連軸器**(rigid coupling)：

　　此種連軸器僅適用於兩軸中心線在同一直線上時，常用的剛性連軸器有下列數種：

(1) 凸緣連軸器(flange coupling)：如圖
14.7-1 所示，係最常用之剛性連軸
器，其優點為構造簡單且成本低
廉，但所連接之軸必須對正，否
則將使軸產生撓曲應力，而導致
軸承的嚴重磨耗。

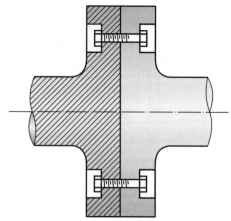

圖 14.7-1　凸緣連軸器

(2) 套筒連軸器(sleeve coupling)：如圖 14.7-2 所示，亦稱套筒形連軸器，使用於低速輕負荷之場合，且同心度不佳時不易配合。

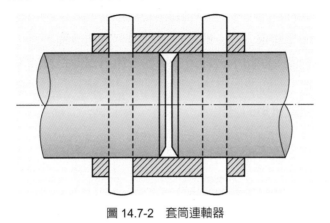

圖 14.7-2 套筒連軸器

(3) 摩擦阻環連軸器(friction clip coupling)：如圖 14.7-3 所示，係利用兩塊分割的圓筒將兩軸扣住，其外緣之錐形部分的兩端，是利用內徑傾斜之圓環套緊，為安全起見，一般將鍵插入，其扭矩由軸與錐體間之錐與錐體外套之摩擦所傳達。此種連軸器裝卸簡單，但若受振動作用時，容易鬆脫，故振動較大之處不宜使用，一般皆使用於直徑 150 mm 以下之無振動軸。

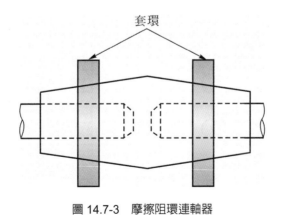

套環

圖 14.7-3 摩擦阻環連軸器

2.   **撓性連軸器**(flexible coupling)：

在某種情況下，連軸器需有適當之撓曲性，以容許兩軸間有小量的角度偏差或中心線偏差，以及使用時的軸向位移，這時就須採用撓性連軸器。此種連軸器亦可吸收軸的部分扭力，及可緩和衝擊力，一般撓性連軸器有下列數種：

(1)   彈性材料連軸器：如圖 14.7-4 所示，為一利用彈性材料(如橡膠材料)黏合於兩個同軸上之圓環，而圓環則用鍵或銷分別固定於軸上；此種連軸器可允許兩軸有微量的軸向偏差或扭矩的變化。

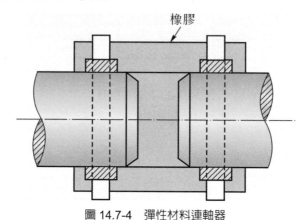

圖 14.7-4   彈性材料連軸器

(2)   鏈條連軸器(chain coupling)：如圖 14.7-5 所示，係兩個鏈齒輪和一連續的雙排滾子鏈條(roller chain)或無聲鏈條連接；此種機構適用於兩軸有微量的角度偏差或中心線有偏心者。

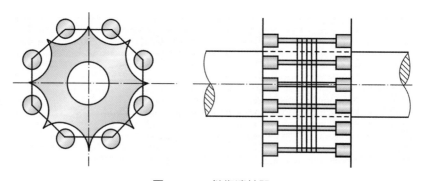

圖 14.7-5   鏈條連軸器

(3) 齒輪連軸器(gear coupling)：如圖 14.7-6 所示，係利用兩組內外齒輪嵌合而連接兩軸；此種連軸器不具彈性，但可用於軸心有些許傾斜時。

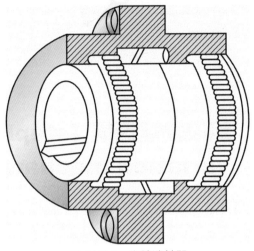

圖 14.7-6　齒輪連軸器

(4) 歐丹連軸器(oldham coupling)：如圖 14.7-7 所示，此種連軸器適用於接合兩平行軸，且軸距極短，而具有同心或偏心之軸。但其磨耗量大，體積亦大且高速時較不穩定，故甚少使用。

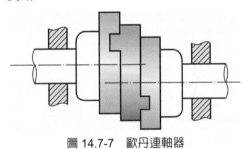

圖 14.7-7　歐丹連軸器

(5) 萬向接頭(universal joint)：如圖 14.7-8 所示，又稱虎克接頭(Hook's joint)或十字接頭(cross joint)，常用於兩軸有角度偏差之接合；當主動軸以等速旋轉，而從動軸的角速度則隨兩軸所成之角度而有所不同，若使用兩個萬向接頭及一中間軸，而且兩軸與中間軸所形成之角度相等時，則主動軸與從動軸之角速度完全相等，但中間軸之角速度有變化。萬向接頭之此種應用方式，可允許輸入軸與輸出軸之間有較大的角度偏差。中間軸與其它兩軸之間若有軸向的相對移動，皆在兩者接合處使用栓槽軸以克服之，目前汽車之傳動系統大多為此種機構。

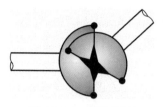

圖 14.7-8　萬向接頭

14.8　無段變速機構 (stepless speed variation mechanism)

若從動軸之轉速在最低轉速及最高轉速之範圍內作連續性的變化者，都稱之為無段變速(stepless speed variation)。

1. 皮帶式無段變速：

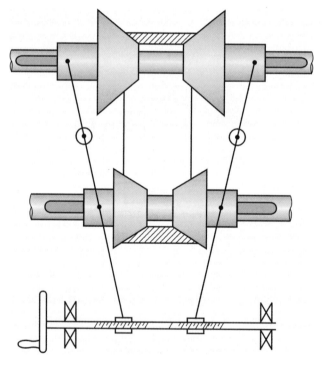

圖 14.8-1　皮帶式無段變速機構

(1) 如圖 14.8-1 所示，係利用 V 型皮帶和錐形帶軸所構成。其原理是利用主動輪與被動輪的閉、開，來改變主動輪與被動輪在傳動時的接觸半徑，而達到變速之目的。其優點是便宜且可免保養維護，只需在皮帶磨耗後，予以更換即可，但壽命及精度較差，且較佔空間。

(2) 如圖 14.8-2 所示，為利用圓錐而達變速之機構，其設計原理與前述塔輪變速機構相同，係利用移動器推動皮帶移動而達變速之功能。

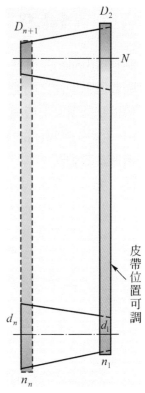

圖 14.8-2　圓錐式變速機

2. **滾子傳動無段變速：**

如圖 14.8-3(a)(b)所示，係利用滾子之位置，改變原動輪與從動輪之傳動半徑，而達到無段變速之功能。

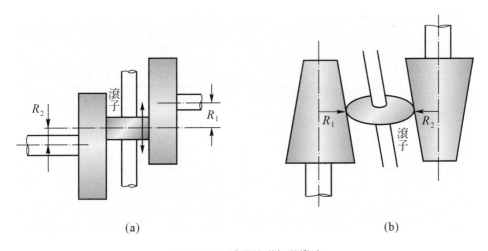

(a)　　　　　　　　　　(b)

圖 14.8-3　滾子傳動無段變速

14.9　制動器機構

　　制動器(brake)亦稱煞車，係利用物體間的摩擦阻力，液體流動的黏性或電磁的阻尼力等來吸收運動機件之動能，以調節其運動速度或制止其運動之裝置。

　　機械制動器可用機械力、液氣壓力、電磁力來制動，故可分為機械式制動器(mechanical brake)、流體制動器(fluid brake)及電動制動器(electrical brake)三大類。

1. **機械式制動器：**

(1) 塊狀煞車器：如圖 14.9-1 所示，當外力作用在煞車桿上時，可使煞車塊與鼓輪之間產生摩擦而能使轉動的輪子減速或停止。若鼓輪順時針迴轉(如圖(a)所示)，且以 Q 為力矩中心，則

$$\sum M_Q = F \times B - N \times A + \mu N \times C = 0$$

$$\therefore F = \frac{NA - \mu NC}{B}$$

若鼓輪逆時針迴轉(如圖(b)所示)，則因摩擦力改變方向，故

$$F = \frac{NA + \mu NC}{B}$$

其中　N：煞車塊之正壓力。

　　　μ：煞車塊與煞車鼓輪之間之摩擦係數。

　　　μN：摩擦力。

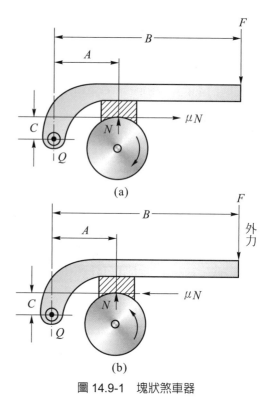

圖 14.9-1　塊狀煞車器

　　圖 14.9-2 所示，為雙塊式煞車器，此種制動器因轉軸不受彎矩力作用，故較適合於需要大煞車力之構造。常被採用於鐵路車輛及起重機等之煞車裝置。

　　如圖 14.9-2 所示，其摩擦力分別通過 Q_1、Q_2 兩軸，故不產生力矩，因此兩摩擦塊所受之力相同，因此不造成摩擦不均勻的現象，故得

$$\sum M_{Q_1} = F \times B - NA = 0$$

即　$F \times B = N \cdot A$

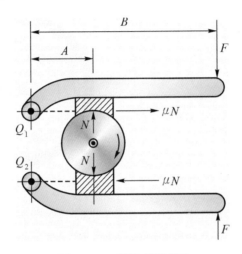

圖 14.9-2　雙塊式煞車器

(2) 帶狀煞車器：如圖 14.9-3 所示，係在煞車鼓外周圍繞鋼帶，當外力作用於煞車桿時，鋼帶則受拉力而與鼓輪產生摩擦，由此可得煞車之作用。而煞車鼓上所產生的煞車力矩 T

$$T = E_1 \times r - E_2 \times r$$
$$\Rightarrow T = (E_1 - E_2)r$$

其中 E_1、E_2 為帶兩端之拉力
加於槓桿之力 F 為

$$\sum M_Q = F \times B - E_2 A = 0$$

$$F = \frac{E_2 \times A}{B}$$

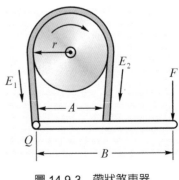

圖 14.9-3　帶狀煞車器

圖 14.9-4 所示，亦爲一帶狀煞車器，但其支點 Q 與圖 14.9-3 之位置不同，其加於槓桿之力爲

$$\sum M_Q = F \times B - E_2 A + E_1 C = 0$$

$$\Rightarrow F = \frac{-(E_1 C - E_2 A)}{B}$$

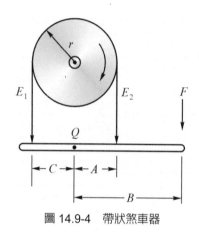

圖 14.9-4　帶狀煞車器

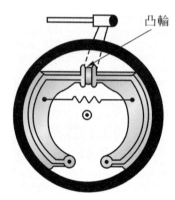

圖 14.9-5　凸輪擴張式煞車器

(3) 凸輪擴張式煞車器；如圖 14.9-5 所示，當外力作用於煞車桿時，帶動連桿使凸輪轉動，而使兩邊搖臂向外抵緊鼓輪內側，因而產生摩擦阻力，此種制動器常用於機車的煞車系統。

範例 14-6　如圖 14.9-6 所示，刹車鼓直徑 150 mm，接觸角 $\alpha = \pi$，摩擦係數 $\mu = 0.4$，若爲自鎖式刹車，a、b 之關係如何？　　【74 高考】

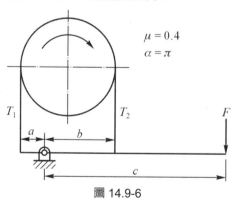

圖 14.9-6

解　已知 $\mu = 0.4$，$\alpha = \pi$

$$\frac{T_1}{T_2} = e^{\mu\alpha} = e^{0.4\pi} = 3.5136$$

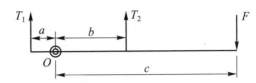

取自由體圖如右。

$$\sum M_0 = 0$$

$$Fc + T_1 a = T_2 b$$

$$\Rightarrow F = \frac{T_2 b - T_1 a}{c}$$

$$\leq 0 (自鎖式剎車)$$

　　即 $T_2 b \leq T_1 a$，$b \leq \dfrac{T_1}{T_2} a = 3.5136a$

---

2. **流體制動器：**

(1) 液式制動器：如圖 14.9-7 所示，為油壓式制動系統，一般小型汽車之鼓式煞車大多為此；當腳踏下煞車踏板時，經推桿推動煞車總泵內之活塞，而使煞車油受壓縮力產生高壓，迫使煞車分泵內兩活塞向外擴張，因此使煞車蹄片與鼓輪接觸產生摩擦阻力，而得制動作用。

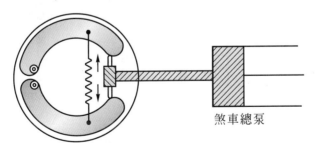

圖 14.9-7　油壓式煞車構造原理

(2) 空氣制動器：如圖 14.9-8 所示，此種制動器常應用於鐵路車輛、大型汽車、拖車、卡車等，係利用壓縮空氣作用在煞車片上，使其於鼓輪或車輪產生摩擦，而得制動之作用。壓縮空氣由空氣壓縮機供應，並配有輔助儲存空氣之氣桶，於需要時由輔助空氣桶迅速供應。空氣制動器的作用迅速，但必須確保系統不漏氣，否則容易失靈或制動力降低等缺點。

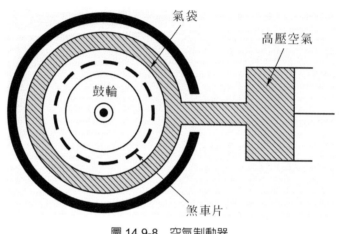

圖 14.9-8　空氣制動器

3. **電制動器：**

利用電力制動者有電磁煞車(electromagnetic brake)及發電煞車(electric generator braking)，電磁煞車普遍使用於鐵路車輛及金工機械。如圖 14.9-9 所示，係利用電磁原理，常使用於金工機械之主軸，可做緊急煞車。

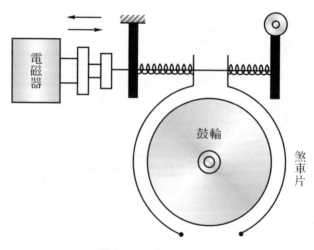

圖 14.9-9　電磁制動器

國家圖書館出版品預行編目資料

機構學 / 吳明勳編著. -- 五版. -- 新北市 ： 全
　華圖書股份有限公司, 2023.01
　　面 ； 公分
　ISBN 978-626-328-390-9(平裝)

1.CST： 機構學

446.01　　　　　　　　　　　　　111021253

機構學(第五版)

作者／吳明勳

發行人／陳本源

執行編輯／吳政翰

出版者／全華圖書股份有限公司

郵政帳號／0100836-1 號

印刷者／宏懋打字印刷股份有限公司

圖書編號／0579004

五版一刷／2023 年 01 月

定價／新台幣 500 元

ISBN／978-626-328-390-9 (平裝)

全華圖書／www.chwa.com.tw

全華網路書店 Open Tech／www.opentech.com.tw

若您對本書有任何問題，歡迎來信指導 book@chwa.com.tw

臺北總公司(北區營業處)
地址：23671 新北市土城區忠義路 21 號
電話：(02) 2262-5666
傳真：(02) 6637-3695、6637-3696

南區營業處
地址：80769 高雄市三民區應安街 12 號
電話：(07) 381-1377
傳真：(07) 862-5562

中區營業處
地址：40256 臺中市南區樹義一巷 26 號
電話：(04) 2261-8485
傳真：(04) 3600-9806(高中職)
　　　(04) 3601-8600(大專)

得　分	

機構學
學後評量
CH01　機構學概論

班級：
學號：
姓名：

1 何謂低對與高對，並舉例說明之。

2 試比較高對與低對之優劣？　　　　　　　　　　　　　　　　　　　　【普考】

3 運動鏈分哪幾種？　　　　　　　　　　　　　　　　　　　　　　　　【特考】

4 試述純粹機動學及構造機動學的研究對象？

5 為何"四連桿組"之研究分析,在"機動學"中頗佔重要地位?

6 判斷下圖為何種鏈?

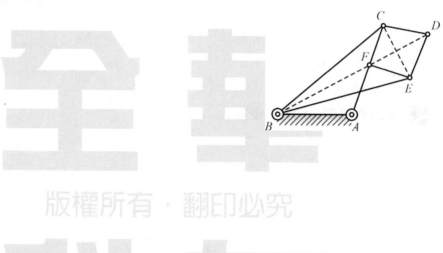

得　分

機構學
學後評量
CH02　機械之運動

班級：

學號：

姓名：

1 請討論"靜止"與"運動"之觀念，並舉例說明"絕對運動"與"相對運動"之意義。　　　　　　　　　　　　　　　　　　　　　　　　　　　　　　　　　【高考】

2 一個質點以 $S = 2t^2$ 公尺之狀況，在一直線上運動，t 的單位為秒，試問它有何種的加速度，並求當時間為 5 秒時的加速度，及 $t = 10$ 秒的速度。

3 如同前題，當 $S = (2t^3 + t^2)$ 公尺，求當時間為 5 秒時的加速度及 $t = 10$ 秒時的速度。

4 以每分 180 轉之速度迴轉之飛輪，經 20 秒鐘後，變成每分 140 轉之速率，則此飛輪在此時間內迴轉若干次？又飛輪自轉動而至停止時所經歷之時間為若干秒？

　　　　　　　　　　　　　　　　　　　　　　　　　　　　　　　　　　【高考】

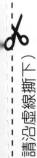

5 某簡諧運動的振幅是 3 cm，最大速率是每秒 12 cm，試求它的運動周期多少？最大加速度多少？

6 已知 $A = \dfrac{1}{V}$ ft/sec^2，$V_0 = 5$ fps，問 $S = 25$ ft 時，V 及 T 為多少？　【高考】

7 若 $A = t^2$ ft/sec^2，$V_0 = 5$ fps，求當 $S = 27$ ft 時 t 及 V。　【普考】

<table>
<tr><td>得　分</td><td>**全華圖書**（版權所有，翻印必究）</td><td></td></tr>
</table>

得　分	**全華圖書**（版權所有，翻印必究）	
	機構學 **學後評量** CH03　速度分析	班級： 學號： 姓名：

1 一運動鏈共有 8 個連桿組成，試求其瞬心總數。

2 如下圖所示為一四連桿組，設 Q_2A 反時針方向之角速度為 80 rpm，試分別以 (1)速度的分解與合成法、(2)以瞬心法、(3)相對速度法、(4)折疊法、(5)瞬時軸法。求 A、B、C 三點之速度大小(C 為 Q_4B 之中點)。

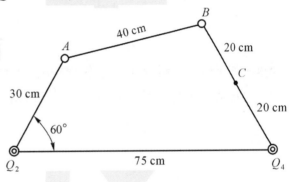

3 如下圖所示，Q_2B 為 38 公厘，Q_2Q_4 為 90 公厘，Q_4C 為 45 公厘，BC 為 50 公厘，曲柄 Q_2B 之角速度為 1 rad/sec 逆時，用速度分解與合成法，求 C 點與 P 點之速度。

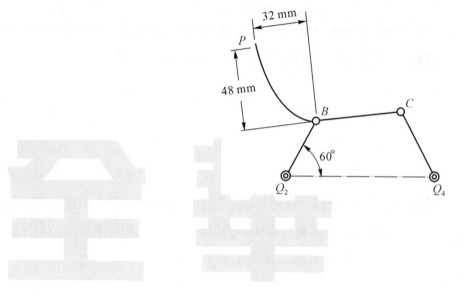

4 如下圖中，滑桿 4 在導路 1 內滑動，曲柄 QB 長 25 mm，與 YY 成 30°，曲柄銷即 B 點之速度為 25 mm/sec，方向與 QB 垂直。求滑桿之速度為多少 mm/sec？

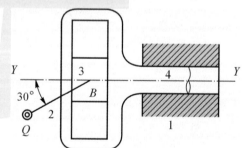

得　分

機構學

學後評量

CH04　加速度分析

班級：

學號：

姓名：

1 一柴油機有九個垂直汽缸(21 吋×31 吋，225 轉／分)連接桿之長度為曲柄的 5 倍，此發動機以等速順時針方向旋轉，當一曲柄旋轉至與水平線成 60 度角時，用半圖解法求活塞和在曲柄銷及活塞銷之間的連接桿的中點的線加速度，並求連接桿的角加速度及角速度。　【高考】

2 $\omega_2 = 4.8$ 弧度／秒(順時針)，$\alpha_2 = 8$ 弧度／秒^2(順時針)，以 $K_S = \dfrac{1}{2}$ 呎，

$K_V = 1.8$ 呎／秒，$K_a = 6$ 呎／秒^2 的比例繪出機構圖及速度和加速度多邊形，求

A_b、ω_3、ω_4、α_3 和 α_4。　【高考】

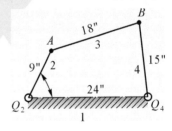

3 $Q_2A = 8$ 吋，$Q_3B = 4$ 吋，$Q_2Q_3 = 3\dfrac{3}{4}$ 吋，曲柄 Q_2A 以 90 rpm 的等速度順時針方向旋轉，求 B 的絕對線加速度。 【高考】

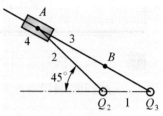

得　分

機構學
學後評量
CH05　連桿機構

班級：
學號：
姓名：

---

1 何謂肘節機構？

2 何謂曲柄滑塊機構、牽桿機構、雙搖桿機構，試繪圖說明之。

3 如圖所示之等腰連桿機構，已知 $CE = 2$ 吋、$CR = 1$ 吋、$EP = 0.5$ 吋，試求 P 與 R 兩點動路之情形。

【普考】

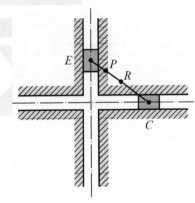

（請沿處線撕下）

4 求往復滑塊曲柄機構中，滑塊位移之公式。 【普考】

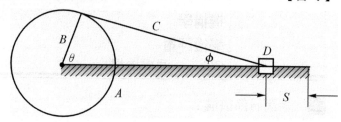

得　分

機構學
學後評量
CH06　直接接觸的傳動

班級：

學號：

姓名：

1 何謂滾動接觸，應該具備的必要條件是什麼？爲什麼？

2 滑動接觸與滾動接觸在實際工程應用上各有何相對之優劣點，試舉例說明。

3 什麼叫原動件的作用角？什麼叫從動件的作用角？試舉例分別說明。

得　分	全華圖書 (版權所有，翻印必究)	
	機構學	班級：
	學後評量	學號：
	CH07　凸輪機構	姓名：

1 一凸輪之從動件，位於與凸輪軸相正交之上端，凸輪則依逆時鐘方向做等速迴轉。從動件之最低位置距凸輪軸中心為 1.5 吋，其總升程為 1 吋，今欲於凸輪迴轉半周時，從動件以等速上升至最高位置，當再迴轉半周時，復以等速下降至原位置，試設計此一凸輪之形狀。　　　　　　　　　　　　　　　　　　【高檢】

2 利用作圖法畫出一凸輪的輪廓，其已知條件為：(1)此凸輪與一滾子從動件相配合，滾子直徑為 11 mm，滾子與凸輪軸之中心距為 23 mm。(2)凸輪作等速旋轉，從動件沿一直線作上下往復簡諧運動。(3)凸輪升距為 23 mm，凸輪軸與滾子軸在同一直線上。

（請沿虛線撕下）

3 畫凸輪位移曲線圖，而能使它從動件在輪轉一周時有如下之運動：從靜止開始，從動件保持不動至 45 度、次 120 度，它以等速度向上運動 2 吋，然後次 75 度保持不動，次 60 度從動件以等加速度下降 1 吋，最後 60 度，它以等減速度降至原點。按原大小，把從動件之運動當成縱座標，按 1 吋 ＝ 60 度之比例，以凸輪旋轉當成橫座標，畫出外移曲線。

4 如圖所示，偏心輪直徑 4.0 cm，偏心距 $\overline{AO}$ =1.0 cm，設凸輪以均勻角速度 20 rpm 順時針方向旋轉，則從動件之速度為若干？ 【普考】

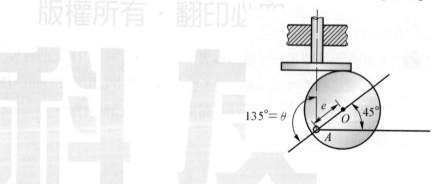

得　分

機構學

學後評量

CH08　齒輪機構

班級：

學號：

姓名：

1 齒輪的周節 P_c、徑節 P_d 及模數 m 間有何關係？試引證此三個關係式。

2 兩輪齒數各為 12 與 30 齒，已知徑節為 6，試求兩輪內外銜接時之中心距各為若干？

3 一對 $P_c = 4''$ 之正齒輪 28 齒、小齒輪 12 齒，求外銜接之中心距？

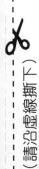

（請沿虛線撕下）

4 兩正齒輪之主動齒輪數為 60、周節為 1.5 吋，兩齒輪中心距為 20 吋，試求從動輪節圓之直徑及齒數。 　　　　　　　　　　　　　　　　　　　　　【高檢】

5 用雙螺線之蝸桿與一 40 齒之蝸輪相嚙合，若欲使蝸輪每分鐘迴轉 2 次，求蝸桿每分鐘迴轉數若干？

6 平齒輪的常用製造法有哪幾種？ 　　　　　　　　　　　　　　　　　　　　　【高檢】

得 分

機構學
學後評量
CH09　輪系

班級：

學號：

姓名：

1 如右圖所示 $N_A = 160$ rpm，

$T_A = 40$ 齒，$T_B = 20$ 齒，$T_C = 60$ 齒，$T_D = 15$ 齒，求 N_D 為多少 rpm？

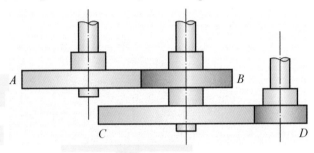

2 如下圖所示之周轉輪系，$N_A = 87t$，$N_B = 58t$，$N_C = 29t$：

(1) 若 $N_A = +4$ rpm，$N_m = -3$ rpm，求 N_C 為多少 rpm？

(2) 若 $N_A = 0$ rpm，$N_C = +30$ rpm，求 N_m 為多少 rpm？

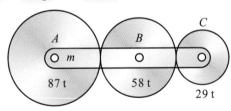

（請沿虛線撕下）

3　如下圖所示一回歸輪系 4 齒之周節相同，$\dfrac{N_B}{N_A} = \dfrac{19}{1}$，齒數介於 75 與 12 之間，求此輪各齒輪之適當之齒數？

得　分

機構學
學後評量
CH10　摩擦輪傳動機構

班級：
學號：
姓名：

1　一圓柱形摩擦輪之直徑為 40 in，其轉速為 700 rpm，傳達 26 HP 之動力，其接觸面間之摩擦係數為 0.25，則接觸面所加之正壓力為若干？

2　一圓柱形摩擦輪中心距為 10 吋，轉速 $N_1 = 80$ rpm，$N_2 = 160$ rpm，若無打滑，試求內接及外接時各輪之直徑。

3　A、B 為兩純滾動接觸之圓錐形摩擦輪，如下圖所示，A 輪每分鐘轉 300 圈，B 輪每分鐘轉 100 圈。試求(1)此兩輪之頂角。(2)當 B 輪上圓錐之底距其頂點為 2 吋時，此兩圓錐底半徑為若干？試用作圖法解之。　　　　　【高檢】

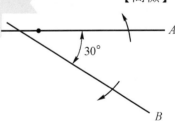

（請沿虛線撕下）

4 摩擦輪之裝置如下圖所示，若 S 軸之角速度爲 T 軸之三倍時，滾子 R 之中心位置？
距 S 軸 T 軸之距離爲若干？ 【特考】

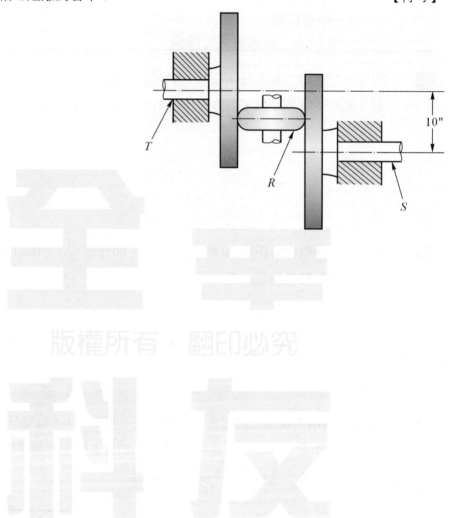

得　分

機構學
學後評量
CH11　撓性傳動機構

班級：
學號：
姓名：

---

1 兩軸相距 12 呎帶動直徑 4 呎與 3 呎的皮帶輪，使用交叉帶聯動，問若將此皮帶用於開口皮帶時，須切去若干？ 【高檢】

2 主動輪與從動輪之輪速各為 200 rpm 與 100 rpm，若主動輪直徑為 20 cm，皮帶厚 0.5cm，求從動輪之直徑為若干？

3 一直徑 10ft 之原動帶輪，轉速為 200 rpm、傳達 80 hp，試求有效挽力。

4 塔輪上僅用一根皮帶，各相對傳動的皮帶輪直徑，應該是根據什麼原則計算的。 【特考】

5 轉速為 120 rpm 的 A 軸使用一對階級輪，以交叉皮帶，帶動 B 軸使 B 軸轉速各為 80、120、180 及 240 rpm，驅動軸上的最大階級輪的直徑為 18 in，計算其餘所有階級的直徑。 【高檢】

（請沿虛線撕下）

6 一鑽床用皮帶與主軸相連接而轉動，因有變易速度之需要，故主動軸與從動軸均用五級塔輪，今各階級輪之直徑為 20、$17\frac{5}{8}$、$15\frac{1}{4}$、$12\frac{5}{6}$ 及 $10\frac{1}{2}$ 吋，設該齒輪適用於交叉帶，設若主動軸每分鐘迴轉 500 次，試求從動軸之各轉速？　【高考】

7 一車床有一五階的階級輪，以一交叉皮帶由對軸上一相同大小的皮帶輪上傳動過來，對軸為等速率，但當皮帶在中間階的兩側時，車床的轉速各為 60 rpm 及 135 rpm，若車床的最低轉速為 40 rpm 及最小階處直徑為 4 in，求對軸最適直的轉速，車床的最大轉速及帶輪上各階的直徑。　【高考】

8 一個鉛直鑽孔機的進料機構是以一個開口皮帶跨在一對三階的階級輪上轉動而操作，原動軸轉速為 150 rpm，從動軸轉速為 150、450 及 900 rpm，兩軸相距 15 in，若原動件上最大直徑為 18 in 求其於各階的直徑？又若各階直徑的大小是依使用交叉皮帶的公式所算出，則使用開口皮帶將會感到太短，試大略說明在最嚴重的情形時，皮帶短了多少？　【高考】

9 一個鏈節為 $\frac{3}{4}$ 英吋的滾子鏈在一個 15 齒轉速為 2000 rpm 的鏈輪上轉動，決定鏈之最大、最小及平均線速度。　【高檢】

得　分	**全華圖書**（版權所有，翻印必究）	

機構學
學後評量
CH12　螺旋機構

班級：
學號：
姓名：

1　螺紋的導程與螺距有何不同？其間有何關係？

2　什麼是複動螺紋？什麼是差動螺紋？它們在機構與使用性能上有什麼不同？

3　V 型螺紋的製造方法有哪些？　　　　　　　　　　　　　　【普考】

得　分	**全華圖書**（版權所有，翻印必究）	班級：
	機構學	學號：
	學後評量	姓名：
	CH13　槓桿與滑輪機構	

1 如下圖所示之滑車裝置，若不計摩擦損失，今若升起重 1000 kg 之物體，則機械利益為若干？又須加力若干 kg？

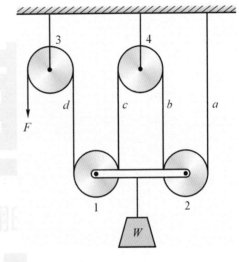

2 如下圖所示，若不計摩擦損失，今若升起重 1000 kg 之物體，則機械利益為若干？又須加力若干 kg？

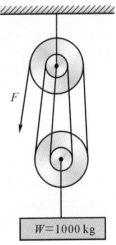

$W = 1000\,\text{kg}$

3 如下圖所示，若不計摩擦損失，今若升起重 1000 kg 之物體，$D_1 = 16$ cm，$D_2 = 12$ cm，則機械利益為若干？又須加力若干 kg？

得　分

機構學
學後評量
CH14　其他機構

班級：
學號：
姓名：

1　何謂間歇運動機構？分爲哪幾類？

2　何謂反向運動？由何種機構產生？

3　何謂連軸器，分爲哪幾種？